커피
로스팅
& 아티산

황호림 지음

Prologue

십 년 전 운영하던 카페를 정리하고 작은 건물 꼭대기 층에 '옥탑방 커피 학교'라는 개인 교습소를 마련했다. 카페를 운영하던 시절부터 에스프레소, 핸드드립 등 커피 교육을 해왔던 터라 로스팅과 관련된 교육도 잘 할 수 있을 것 같았다. 로스팅을 배우기 원하는 제자들의 염원을 담아 교육 컨텐츠 만들기 시작했는데 참고할만한 자료가 거의 없었다. 로스팅에 대해 포괄적으로 설명한 자료들은 몇몇 있었지만, 과학적으로 설명하고 분석해 놓은 자료는 찾아보기 힘들었다. 나 자신은 로스팅을 많이 해 봤으니 생두를 넣고, 화력을 조절하고, 커피가 익어가는 과정을 보면서 적절한 시간에 배출해 내는 방법을 알고 있지만, 이 '감'의 영역을 다른 사람들에게 설명하고 이해시키는 것은 도제식 쿵후를 가르치는 것만큼 어려운 일이었다. 어찌어찌 기초 자료를 만들고, 교육에 적절한 로스팅 머신으로 바꾸고 하는 일련의 준비 과정을 통해 로스팅 교육을 시작했다. 제자들은 커피콩을 익히고 창조물의 향미를 평가하는 교육과정을 대단히 만족스러워했다. 하지만 나는 수업이 진행될수록 고민을 거듭할 수밖에 없었다. 준비한 콘텐츠가 바닥나고 있었고, 로스팅 과정에 대한 과학적인 지식과 자료가 부족했으며, 교육을 하는 중에도 수많은 시행착오를 겪고 있었다.

결국엔 선생인 나 자신이 몇 배 더 많은 공부를 할 수밖에 없었다. 외국 자료를 찾고, 전문 잡지를 구독하고, 새로운 용어를 섭렵하는 등의 공부를 하는 와중에 로스팅 과정을 기록해 주는 프로그램이 등장했다. 프로그램 구동에 필요한 장비를 사서 로스터기를 튜닝하고 전용 컴퓨터를 설치해 파악에 들어갔다. 역시나 미국인들이 만든 프로그램은 언어와 숫자의 장벽을 선사했고, 이를 해석하고 이해하는 데 많은 시간이 걸렸지만 결국엔 내가 이해할 수 있는 언어로 정리할 수 있었다. 부족한 선생인 나를 믿고 따라준 제자들을 위해, 커피 로스팅을 공부하려는 후학들을 위해 여기에 그 결과물을 조심스럽게 내놓는다.

이 책의 본문에 등장하는 용어나 이론은 필자의 경험을 통해 만들고 명명한 것들도 있지만, 대부분은 전 세계의 로스터들이 정리하고 공유해 공용화된 언어들이다. 혹시 자신(혹은 회사)이 만든 자료나 용어 등이 출처 없이 다뤄졌더라도 후학들의 학업과 커피 산업 발전을 위해 널리 양해해 주시기 바란다.

옥탑방 커피 학교 시절부터 도움을 주신 분들이 많다. 부족한 선생을 믿고 따라준 1기 로스팅 교육생들. 그리고 가장 최근까지 로스팅을 배우며 이 책의 내용을 정리할 수 있게 도와주고 응원해준 임승은 바리스타와 고순금 선생, 아티산 프로그램에 대해 많은 자문을 주셨던 정영삼 선생께 깊이 감사드린다. 특별히 이 책의 시작을 함께해 주시고, 많은 영감을 주셨던 분께 고맙다는 말씀과 성업하시라는 격려의 인사를 전한다.

"로스팅은 감으로 하는 것이다"
십여 년 전 필자가 로스팅을 배울 때만 해도 이 말은 절대적인 의미를 지녔었다. 하지만 지금은 기록과 분석, 과학으로 접근해야 한다. 여기에 기록한 작은 발자국 하나가 변화의 시발점이 되길 바라며, 커피를 통해 이루고자 하는 소원이 꼭 성취되시길 기원한다.

커피선생 황호림

Contents

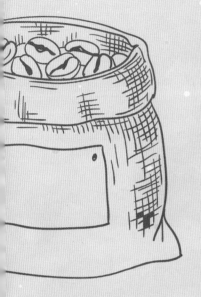

Chapter 4.

로스팅
커피 향미 평가

Chapter 5.

로스팅 프로그램

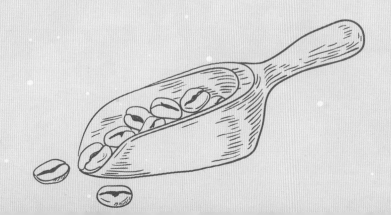

Chapter 1

커피 로스터를 위한
커피 식물학

특별한 커피 맛을 원한다면 최적의 환경에서 자란 좋은 생두가
있어야 한다. 이번 장에서 설명하는 커피 식물학은 로스터가 꼭
알아야 할 커피의 역사, 재배, 가공, 유통 과정 등을 알아보고
좋은 생두와 나쁜 생두를 구분하는 안목을 키울 수 있는 방법
을 배운다.

커피(Coffee)란?

커피는 커피나무 열매를 가공한 후 얻은 생두를 볶아 원두로 만들고 이를 분쇄하여 추출한 독특한 맛과 향을 지닌 기호 음료이다. 커피나무는 AD 600~800년경 에티오피아 남서쪽 카파(Kaffa)주에서 발견되었고, 커피라는 명칭은 1650년대부터 사용되었다.

커피는 꼭두서니과(Rubiaceae)에 속하는 상록수로 커피나무에서 열리는 커피 열매의 씨를 원료로 한다. 맛은 쓴맛, 신맛, 단맛, 짠맛 등으로 쓴맛은 카페인, 신맛은 지방산, 단맛은 당질에서 비롯된다. 에티오피아가 원산지로 해발 1,000m 이상의 고지대에서도 잘 자라지만 평균기온 15~25℃ 정도가 유지되어야 한다. 커피와 관련된 명칭을 정리해 보면 다음과 같다.

명칭	상태
Coffee Cherry, Coffee Berry	커피나무의 열매로 외피와 과육이 있는 상태. 외피(Outer Skin), 과육(Pulp), 깍지(Parchment), 은피(Silver Skin), 생두(Green Bean)로 구성
Coffee Parchment	외피와 과육은 제거되고 파치먼트(내과피)는 붙은 채 건조된 미정제 커피
Green Bean	커피나무 열매의 씨앗, 로스팅 전의 생두
Whole Bean	생두를 로스팅한 원두
Grind Coffee	원두를 분쇄한 추출 전 커피 가루
Coffee	분쇄된 커피를 물로 추출한 음료

〈커피나무 묘목〉

커피나무는 관목에 가깝고 잎은 타원형의 짙은 녹색이며 월계수 잎과 비슷하다. 싹을 틔워 묘목으로 자란 후 3년 정도가 되면 잎 바로 옆에 흰 꽃이 피는데 쟈스민 혹은 오렌지 향과 비슷한 향이 난다. 꽃이 떨어진 자리에 15~18mm 정도의 작은 열매가 송알송알 맺히는데 자라면서 점차 짙은 녹색을 띠다 노란색, 주황색, 빨간색으로 변해간다.

〈커피나무와 열매〉

커피라는 단어는 커피의 원산지인 에티오피아의 '카파(Kaffa)'에서 유래됐다고 추측하기도 하지만, 에티오피아에서는 커피를 'Bun(a)' 또는 'Bunchum'으로 부르는 것을 볼 때 이슬람어 'Qahwah'에서 파생되었다는 설이 설득력을 얻고있다. Qahwah는 아랍어 오스만투르크어 'Kauhi'로, 터키에서는 'Kahweh'로 발음되던 것이 유럽으로 건너가면서 프랑스에서는 'Café', 이탈리아에서는 'Caffe', 네델란드에서는 'Koffie', 영국에서는 'Coffee'로 불리게 되었다.

한국어 '커피'는 영문식 표기 'Coffee'에서 가져온 외래어이다. 커피가 한국에 처음 알려질 당시에는 한자식 표기인 '가배(珈琲)' 혹은 '가비(加菲)'로 불리거나, 빛깔과 맛이 탕약과 비슷하다 하여 서양에서 들어온 탕이라는 뜻으로 '양탕국' 등으로 불렸다. 1898년 고종황제가 독이든 차를 마시고 승하했다는 독립신문의 기사에서는 '카피차'라는 한글식 표현을 사용하기도 했다. 국가별 다양한 커피 명칭을 정리해 보면 다음과 같다.

국가	명칭	국가	명칭
한국	커피	체코	Kava
미국/영국	Coffee	헝가리	Kave
이탈리아	Caffe	터키	Kahve
프랑스/스페인/포르투갈	Cafe	폴란드	Kawa
네델란드	Koffie	인도네시아	Kopi
독일	Kaffee	세르비아	Kafa
스웨덴/노르웨이/덴마크	Kafee	중국	咖啡[kāfēi]
핀란드	Kahvi	일본	コーヒー(Coffee)
루마니아	Kafea	에티오피아	Bunna, Bunchum

커피(Coffee) 식물학

☕ 커피 재배 지역

커피나무는 상록수로 세계지도에서 확인했을 때 적도를 중심으로 북위 25도, 남위 25도 사이에서 재배된다. 지금은 지구온난화의 영향으로 북위 29도선까지 재배 지역이 확대되었다. 띠(혹은 벨트)처럼 형성된 지역이라는 뜻에서 '커피존(Coffee Zone)' 또는 '커피벨트(Coffee Belt)'라고 부른다. 해발 500m 이하 지역에서는 저급 품종인 로부스타종이 주로 생산되고, 그 이상의 지역에서는 고급 품종인 아라비카가 주로 생산 된다. 특히 1,500m 이상의 고지대에서 생산되는 아라비카의 경우 최상급 커피로 인정된다. 주요 생산국가는 약 60여 개국에 이른다.

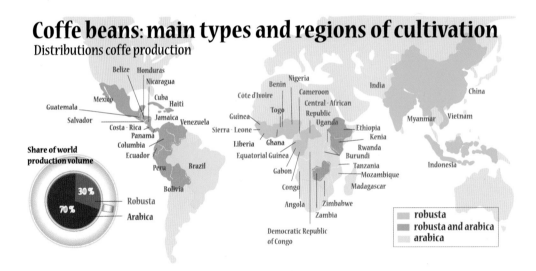

〈주요 커피 생산국과 생산 품종〉

☕ 커피 3대 원종

1753년 스웨덴의 식물학자 린네에 의해 아프리카 원산지의 꼭두서니과 코페아속에 속하는 다년생 쌍떡잎 식물로 분류된 커피나무는 일년내내 푸른 관목에 해당 된다. 코페아속 중 유코페아에 해당되는 커피나무는 크게 아라비카, 카네포라, 리베리카로 나뉘며 카네포라종의 대표적인 품종이 로부스타인 관계로 흔히 아라비카와 로부스타로 구분해서 부른다.

〈커피의 품종 계통도〉

커피선생의 Coffee Note 아라비카의 친구 Shade Tree

아라비카종은 카네포라(Canephora)와 유게니오이디스(Eugenioides)의 교배에 의해 탄생한 새로운 품종의 커피다. 1990년대에 시작된 커피나무 유전자 프로젝트에 의하면 아라비카종이 카네포라종(로부스타)과 유게니오이디스종 의 특성을 모두 지니고 있다는 결과가 나왔다. 아라비카종은 22개의 염색체를 카네포라종에서 받아왔고, 나머지 22개를 유게니오이디스종으로부터 가져온 것으로 밝혀진 것이다. 즉, 아라비카의 아버지는 카네포라, 어머니는 유 게니오이디스라는 출생의 비밀이 밝혀진 것이다. 지금은 아라비카의 조상인 유게니오이디스종을 복원해 생산하 고 있다.

아라비카(Arabica)종

〈아라비카종 생두〉

아라비카는 에티오피아 아비시니아 고원지대가 원산지로 자가수정을 통해 열매를 맺는다. 아라비카 품종 중 티피카(Typica)와 버번(Burbon)종이 원종에 해당되는 가장 대표적인 품종이다. 아라비카 커피나무는 5~6m 정도까지 자라며 평균기온 20℃ 전후, 해발 1,500m의 고지대에서도 잘 자란다. 고도가 높은 곳에서 생산되는 아라비카 커피일수록 일교차에 의해 열매의 밀도가 단단해지면서 더욱 복합적이고 풍부한 향을 함유하게 되며 이러한 특징 때문에 고지대 커피를 최우수 품종으로 분류한다. 하지만 로부스타 커피나무에 비해 온도, 기후, 토양, 질병, 해충에 약해 더 많은 손길이 간다.

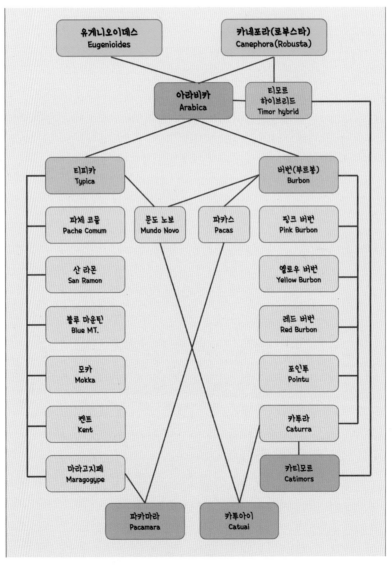

〈아라비카 품종 계통도〉

Ⓐ 티피카(Typica)

아라비카종 중에서 커피의 원종에 가장 가까운 품종이다. 콩이 길고 좋은 향과 신맛의 품종이지만 커피 녹병에 취약하고 격년 생산으로 생산성이 낮다. 자메이카 블루마운틴, 하와이안 코나가 대표적이다.

Ⓑ 버번(Burbon)

티피카의 돌연변이로 생긴 아종으로 콩이 작고 둥근편이다. 현재의 레위니옹 섬(부르봉 섬)에서 발견된 돌연변이종으로 수확량이 티피카보다 20~30% 많다. 중미, 브라질, 케냐, 탄자니아 등지에서 주로 재배되고 있다. 전 세계로 전파된 버번은 커피체리의 색상이 빨간색, 노란색, 주황색, 분홍색 등으로 다양하게 변종이 되었다.

Ⓒ 문도 노보(Mundo Novo)

1940년대 브라질 캄파나스 농업연구소가 개발한 티피카와 버번의 자연 교배종이다. 1950년부터 브라질에서 재배되기 시작했으며, 질병에 내성이 강하고 환경 적응력이 좋다. 나무의 키가 큰 단점을 가지고 있으며 티피카와 버번의 중간적 특성을 보인다. 이 품종이 처음 등장했을 때 미래에 대한 염원을 담아 '신세계'라는 뜻을 가진 '문도 노보'로 이름을 지었다고 한다.

Ⓓ 카투라(Caturra)

1937년 브라질 미나스제라이스 주의 한 농장에서 발견된 버번의 변종으로 콩은 작지만 생산량이 많고 커피 녹병에 강하다. 'Caturra'는 과라니어로 '작다'는 뜻을 가지고 있다. 중미지역에서 대표적으로 많이 생산되는 품종이다.

Ⓔ 카투아이(Catuai)

병충해와 강풍에 강한 문도 노보와 카투라의 인공 교배종이다. 나무의 키가 작고 생산성이 높아 매년 생산이 가능하다. 브라질에서 생산되는 커피 품종의 50%를 차지하고 있으며, 온두라스 커피 생산량의 절반 정도를 차지한다. 생산성은 높지만 수명이 다른 종에 비해 10여 년 정도 짧은 단점이 있다.

Ⓕ 카티모르(Catimor)

1959년 포르투갈 커피연구소에서 HdT(Hybrido de Timor)와 카투라를 교배해서 만든 품종이다. 생두의 크기가 크고 나무가 비교적 작아 조기 수확과 다수확이 가능한 품종이다. 코스타리카 커피연구소에서도 HdT와 카투라를 교배해 해발 600~900m의 저지대에서도 재배가 가능한 품종을 만들었다.

Ⓖ 마라고지페(Maragogype)

1870년 브라질 바이아주 마라고지페 지역의 한 농장에서 발견된 티피카의 돌연변이종으로 나무와 나뭇잎, 열매, 씨앗 등이 다른 품종에 비해 매우 크지만 생산성이 낮다. 좋은 향미를 가지고 있지만 품질이 일정치 않은 단점도 있다.

Ⓗ 게이샤/게샤(Geisha/Gesha)

에티오피아 남서부 게샤 마을에서 발견된 품종이다. 케냐, 우간다, 탄자니아, 코스타리카를 거쳐 1960년대 초 파나마 돈파치 농장에서 재배되었다. 낮은 생산성으로 인해 거의 멸종단계로 들어섰다가 2004년 에스메랄다 농장이 출품한 게이샤 커피가 1등을 차지하면서 전 세계에 알려졌다. 2012년부터는 에티오피아에서도 '게샤'라는 이름으로 다시 재배되고 있다.

Ⓘ 콜롬비아(Colombia)

1982년 콜롬비아 국립 커피연구소에서 개발한 카투라와 HdT의 교배종이다. 병충해에 강하고 수확량이 좋다. 이 품종을 기반으로 F1~F10에 이르는 하위 품종들이 개발되었다.

Ⓙ 카스티요(Castillo)

콜롬비아 커피생산자연합이 커피 녹병 없는 콜롬비아 프로젝트를 통해 개발한 대표적인 품종이다. 콜롬비아와 카투라의 교배종으로 품종을 개발한 '제이미 카스티요'의 이름에서 따왔다.

Ⓚ 켄트(Kent)

티피카의 자연 변종으로 1920년부터 인도 전역에서 재배되기 시작해 인도의 대표 품종으로 알려져 있다. 병충해와 커피 녹병에 강하고 높은 수확량이 특징이다.

ⓛ 센트로아메리카노(Centroamericano)

프랑스 국제농업개발협력센터, 중미 커피기술개발 및 현대화 협력 프로그램, 코스타리카 열대농업연구교육센터가 공동으로 개발한 품종이다. 커피 녹병에 강하고 수확량이 높다.

ⓜ 마르셀레사(Marsellesa)

HdT와 Villa Sarchi의 교배종으로 커피 녹병에 강하고 열악한 기후 조건에서도 잘 견딘다. 우수한 품질과 높은 수확량을 자랑하며 해발 1,300m에서 재배했을 때 품질이 가장 좋다고 한다.

ⓝ 오바타(Obata)

2000년 브라질 캄피나스 농업연구소에서 출시된 교배종이다. HdT와 Villa Sachi로 얻은 품종을 다시 Yellow Catuai와 자연 교배해 만들어졌다. 커피 녹병과 병충해에 강하며 우수한 품질 특성을 지니고 있다.

ⓞ 파카마라(Pacamara)

Pacas와 Maragogype의 교배종이다. 커피체리와 생두의 크기가 매우 크고 고도가 높은 지역에서도 재배가 가능하다.

ⓟ 파카스(Pacas)

1949년에 엘살바도르에서 발견된 버번의 자연 변종이다. 처음 이 품종을 발견한 '페르난도 알베르토 파카스 피게로아'라는 농부의 이름을 따서 명명했다. 유전자 변이로 인해 커피나무의 키가 줄어들면서 단위 면적당 생산성이 높아졌다.

ⓠ 파라이네마(Parainema)

온두라스 커피연구소에서 HdT와 Villa Sarchi를 교배해 만든 품종이다. 커피 녹병과 열매 병에 내성이 강하고 품질이 우수해 중미지역의 많은 농장에서 재배하고 있다.

ⓡ 루이루 11(Ruiru 11)

1985년 케냐의 루이루 커피연구소에서 개발한 교배종이다. 1968년 발병한 커피 열매 병에 대항해 개발을 시작했고 열매 병 및 커피 녹병에 강하고 수확량이 좋아 케냐에서 꾸준히 재배되는 품종이다.

Ⓢ 산라몬(San Ramon)

브가질에서 발견된 티피카 자연 변종이다. 다른 품종에 비해 전체 수확량은 낮지만 커피나무의 키가 작아 면적당 생산성이 높고 바람과 가뭄에 강하며 질병에 대한 내성이 좋다.

Ⓣ SL28

탄자니아에서 재배되던 품종을 케냐의 스콧연구소에서 선택한 품종이다. 가뭄에 강하지만 수확량이 낮고 커피 녹병과 커피 열매 병에 취약한 단점이 있다. 부르봉 계열의 품종으로 SL 계열의 품종 중 가장 우수해 케냐를 중심으로 주변국에서 많이 생산되고 있다.

Ⓤ SL34

SL28과 더불어 케냐의 스콧연구소에서 선택한 품종으로 케냐 카베테의 로레쇼 농장에서 발견된 변종이다. SL28과 더불어 케냐를 대표하는 품종이다.

Ⓥ 빌라사치(Villa Sarchi)

1950년대~1960년대 사이에 코스타리카 사르치 마을에서 발견된 버번의 자연 변종이다. 고도가 높은 지역에 잘 적응해 우수한 품질의 커피로 평가받고 있다.

로부스타(Robusta)종

로부스타는 아프리카 콩고가 원산지로 타가수정을 통해 열매를 맺는다. 아라비카에 비해 병충해, 기후, 질병에 강해 열대 산림지대의 습하고 더운 날씨나 브라질의 뙤약볕 아래서도 잘 자란다. 아라비카 커피에 비해 카페인 함량이 많고 쓴맛이 강해 주로 인스턴트 커피 제조용으로 사용되고 있지만 최근 고소한 맛과 향을 지닌 커피로 재조명 받고 있다. 야생 상태의 로부스타종은 18세기부터 재배되기 시작했으며 다 자란 나무의 높이가 10m에 이르지만 생산성 증대를 위해 2~3m 정도로 제한한다.

〈로부스타종 생두〉

리베리카(Lieberica)종

〈리베리카종 생두〉

리베리카종은 아프리카의 라이베리아가 원산지로 꽃이나 잎, 열매는 아라비카나 로부스타보다 크고, 기후나 토양 등 자연조건에도 잘 적응해 재배하기 쉬우며 저지대에서도 잘 자란다. 재배 국가는 리베리아, 수리남, 가이아나, 필리핀 등으로 생산량이 미미하고 해외에 일부 수출되기 는 하지만 맛과 향이 단순하기 때문에 상품성이 낮아 주로 자국 소비가 많은 품종이다.

구 분	아라비카종	로부스타종	리베리카종
맛/향	좋은 향과 신맛	태운 보리 비슷한 맛, 신맛이 적음	강한 쓴맛
콩의 모양	편형, 타원형	아라비카에 비해 둥근편	마름모 모양
나무 높이	5~6m	5m 전후	10m
나무당 수확량	비교적 많음	많음	적음
재배고도	500~2,000m(고지대)	500m 이하(저지대)	20m 이하
내부성	약함	강함	강함
온도 적응성	저온, 고온 모두에 약함 (15~24℃)	고온에 강함 (24~30℃)	저온, 고온 모두에 강함
강우 적응	많은/적은비 모두에 약 함(1,500~2,000mm)	많은 비에 강함(2,000~3,000mm)	많은/적은 비 모두에 강함
수확까지 연수	3년 이상	3년	5년
체리 숙성기간	6~9개월	9~11개월	
생산량	전생산량의 70~80%	20~30%	아주 적음
카페인 함량	약 1.5%	2~4%	
염색체 수	44	22	
원산지	에티오피아	콩고	라이베리아

 커피선생의 **Coffee Note** 최고의 커피 품종이 사라지게 된 사연

아라비카, 로부스타, 리베리카 외 커피 원종으로 '스테노필라(Stenophylla)'라는 품종도 있었다. 커피나무는 서부 아프리카에서 발견되어 1895년부터 약 10년여 동안 영국의 식민지에 이식되어 최고의 커피로 자리 잡아 가고 있었다. 가는 잎을 가진 이 커피나무는 아라비카 보다 서리에 강하며 열매 역시 크고 수확량도 많았다. 또한 맛과 향에 있어서도 아라비카보다 우수하다는 평가를 받았다. 하지만 어느해 치명적인 병충해 창궐로 스테노필라는 전멸 했고, 경제적 손해를 복구하기 위해 커피나무를 다시 심어야 하는 농부들 입장에서는 수확까지 8~9년이 걸리는 스테노필라종보다는 3~5년 정도면 수확이 가능한 아라비카종을 선택하게 되었다. 이로인해 스테노필라종은 역사의 뒤안길로 사라진 커피종이 되고 말았다.

☕ 커피나무의 경제적 수명

커피나무는 꼭두서니과(Rubiaceae) 코페아속(Coffea)에 속하는 다년생 쌍떡잎식물로 열대성 상록 교목이며 경제적 수명은 보통 20~30년이다. 생산성을 위해 키를 2~3m로 유지해준다.

〈고산지대에 위치한 커피 농장〉

☕ 커피 재배 조건

기온

기온은 커피의 생장과 열매 맺음에 가장 큰 영향을 준다. 아라비카종은 연평균 기온이 15~24℃ 정도로 기온이 30℃를 넘거나 5℃ 이하로 내려가지 않아야 한다. 로부스타는 22~28℃ 정도가 유지되어야 한다. 우기와 건기의 구분이 뚜렷해야 하고, 강한 바람이 불지 않아야 하며, 서리가 내리지 않아야 한다. 한 연구에 의하면 아라비카는 연평균 기온이 14℃ 이하인 지역이나 26℃ 이상을 유지하는 지역에서는 수확이 불가능하며 로부스타는 18℃ 이하인 지역에서는 성장하지 않는다. 기온은 커피나무의 광합성, 개화시기, 결실, 잎 병변 발생, 발병 증가, 다이백 등의 요소에 영향을 준다.

〈해발 1,000m 이상에 위치한 아라비카 재배지〉

토양

토양은 커피나무를 지탱해 주고 뿌리가 성장하여 물과 영양을 흡수할 수 있도록 도와준다. 용암, 화산재, 기반암, 충적토 기반의 유기성이 풍부한 약산성(ph 5.5~6.0)이 좋다. 또한 투과성과 배수 능력이 좋고, 뿌리가 쉽게 뻗을 수 있는 다공질 토양이 좋다.

강수량

물은 커피나무의 영양분 중 가장 중요한 요소다. 아라비카는 연 강수량 1,500~2,000mm, 로부스타종은 2,000~3,000mm 정도며 열매가 맺기 전에는 우기, 열매를 맺은 후에는 건기가 적합하다. 아라비카종이 로부스타종에 비해 가뭄을 더 잘 견디는 편이다. 아라비카의 경우 연간 강우량이 800mm 이하인 지역은 재배가 불가능하고, 로부스타는 1,200mm 이하인 경우 불가능하다. 아프리카의 많은 지역이 열대지역에 위치해 있지만 커피 생산이 어려운 이유는 바로 이 이유 때문이다. 케냐, 예멘, 에티오피아, 브라질 등 전통적인 커피 생산국에서도 강우량 부족으로 인해 커피 생산량 조절에 어려움을 겪고 있으며, 이를 극복하기 위해 계단형 재배 또는 그늘 재배 등의 관개농업을 하고 있다. 커피나무는 계절별 강우 패턴에 따라 꽃을 피우기 때문에 우기와 건기가 일정한 곳은 수확 일정을 예측할 수 있다. 건기가 지속되는 동안에 커피나무 꽃은 휴면기에 들어가고, 우기에 수분이 공급되면 일제히 개화가 시작된다. 건기가 일정하지 않은 지역은 연중 내내 꽃이 피고 지기 때문에 수확 기간이 길어져 생산비용이 상승하기도 한다. 건기와 우기가 가장 뚜렷한 지역은 브라질인데 최근 몇 년간 브라질 가뭄으로 인해 개화가 늦어지고 그로 인해 생산량이 저하되어 국제시장의 커피값이 지속적으로 상승했다.

바람

커피나무는 잎이 무성한 상록수이다. 바람은 잎에서 이루어지는 기체 교환을 도와주기 때문에 바람이 불면 무성한 잎 전체에서 고른 기체 교환이 가능해 원활한 광합성이 진행된다. 커피나무를 재배하는 지역 특성에 따라 산곡풍, 무역풍, 해풍 등의 지역풍이 발생하는데 바람이 강하게 불면 증산이 과다하게 이루어져 수분부족이 일어난다. 폭풍이나 태풍 등 큰바람은 당연히 커피나무에 악영향을 미친다.

햇볕

빛은 식물의 광합성에 필요하며, 광합성은 빛 에너지를 이용해 이산화탄소(CO_2)와 물(H_2O)로부터 탄수화물과 산소를 생산하고 무기물이 유기물로 합성된다. 아라비카는 적절한 일조량이 필요해 쉐이드 트리(Shade Tree)를 활용한 그늘 재배가 가장 적합하지만 생산량 측면에서 그늘 재배보다는 일광 노출 재배가 20% 이상 높다는 연구 결과도 있다. 하지만 일광 노출로 재배된 커피의 맛과 향이 현저히 떨어지기 때문에 품질과 수익성 측면에서 그늘 재배를 선호하는 것이다. 중남미 지역에서는 과다한 그늘이 생산성을 많이 떨어뜨려 쉐이드 트리의 가지치기를 통해 생산성을 높이는 농법도 시행한다. 연 일조량 2,000~2,200시간 정도가 적당하며 너무 많은 직사광선은 커피나무 잎의 온도를 올려 광합성을 저하시킨다.

지형

표토층이 깊고 물 저장 능력이 좋으며 기계화가 용이한 평지 또는 약간 경사진 언덕이 적합하다. 아라비카 재배지는 대개 고지대에 위치하기 때문에 경사지일 확률이 높다. 경사도가 커피나무의 생육에 특별한 영향을 주지는 않지만, 경사가 심한 지역은 빗물이 땅으로 흡수되기 전에 지표를 흘러내리며 빗물 가용성을 떨어뜨리는 동시에 침식을 일으킬 가능성이 높아서 재배지를 계단식으로 가공하고 적당한 초본류를 심어 침식을 방지하기도 한다. 기계화 수확이 가능한 경사도는 20° 정도다.

고도

아리비카종은 고지대, 로부스타종은 저지대에서 재배한다. 기온이 낮고 일교차가 큰 고지대에서 생산된 커피일수록 더 진한 청록색을 띠며 밀도가 높아 맛과 향이 풍부하다. 고도 차이는 공간의 차이, 곧 생태계의 차이를 의미하며 식생은 물론 균계의 차이가 있고, 경우에 따라서는 토질과 토성도 다를 수 있다. 또한 높은 고도는 일기에도 영향을 준다. 사면이 지속풍 방향의 어느 쪽에 있느냐에 따라서 해당 지역은 습윤할 수도, 건조할 수도 있다. 즉 고도 차이는 여러 가지 변수의 차이를 수반하며, 이는 최종 커피 제품의 차이로 반영될 수 있다.

〈커피나무에게 시원한 그늘을 제공해 주는 쉐이드 트리〉

아라비카의 친구 Shade Tree

아라비카종 커피나무가 잘 자라기 위한 최적의 온도 조건은 연중 15~24℃ 사이를 유지하는 것이다. 이 이상 온도가 올라가면 광합성 작용이 둔화되고, 0℃ 근처까지 내려가면 냉해를 입게 되어 커피 경작에 막대한 피해를 입는다. 그래서 커피를 재배할 때 바나나, 망고, 아보카도 나무와 같이 잎이 넓고 큰 나무를 함께 심는데 이를 '셰이드 트리(Shade Tree)'라고 한다. 셰이드 트리가 커피나무를 직사광선이나 서리, 강한 바람으로부터 보호하는데 이런 재배 방법을 '그늘 재배 커피(Shade grown coffee)'라 부른다. 셰이딩은 수분 증발을 막아주고 일교차를 완화시켜 줄 뿐만 아니라 토양 침식을 막아주고 잡초의 성장을 억제하며 토양을 비옥하게 해주는 효과가 있다. 반면 셰이딩을 하지 않고 대량으로 재배하여 생산된 커피를 '태양커피(Sun Coffee)'라 한다.

커피나무의 번식

〈파종 후 갓 싹을 틔운 커피나무〉

생두를 감싸고 있는 딱딱한 파치먼트 상태의 생두를 묘판에 심는다. 발아하면 용기에 옮겨 심고 묘목이 될 때까지 유지하다가 어느 정도 자라면 재배지에 옮겨 심는다. 파종부터 묘목이 될 때까지의 과정이 이루어지는 곳을 묘포(Nursery)라고 한다.

〈이식된지 얼마 지나지 않은 어린 커피나무〉

이식

우기 중 비가 많이 온 다음날 이식을 진행한다. 커피나무는 심은지 2년 정도가 지나면 1.5~2m 정도까지 성장하고 첫 번째 꽃을 피우며 3년 정도가 지나면 수확이 가능하다.

☕ 지속가능 커피(Sustainable Coffee)

커피 재배 농가의 삶의 질을 개선하고 수질과 토양 생물의 다양성을 보호하며 장기적인 관점에서 안정적으로 커피를 생산하도록 도와주기 위한 것이다. 공정무역 커피(Fair-Trade Coffee),

유기농 커피(Organic Coffee), 버드 프렌들리(Bird-Friendly Coffee) 등의 인증이 있다. 이를 인증하는 기관은 레인포레스트 얼라이언스(Rainforest Alliance), UTZ, 페어트레이드 인터내셔널(Fairtrade International), SMBC(Smisonian Migratory Bird Center) 등이 있다.

〈다양한 공정무역 단체들〉

 컵 오브 엑설런스(Cup of Excellence)

1999년 브라질에서 처음 시작한 제도로 품질 좋은 커피를 생산하는 국가의 농장이나 농민들은 제대로 된 보상을 받고 소비자는 질 좋은 커피를 구매할 수 있는 시스템이다. 대회에 참가한 커피들을 국제 심사위원들이 평가하고 그 결과에 따라 상위 등급을 받은 커피들을 인터넷 경매를 통해 전 세계 회원들에게 판매한다.

☕ 커피의 꽃과 열매

〈아라비카 커피 꽃〉

커피 꽃은 2~3cm 정도의 흰색으로 꽃잎은 아라비카종과 로부스타종은 5장, 리베리카종은 7~9장이다. 꽃의 향은 흔히 재스민향과 오렌지 꽃 향이 난다고 알려져 있지만 오렌지 꽃 향에 가깝다. 고지대에서 자라는 아라비카종은 자가수분을 하고, 로부스타와 리베리카는 타가수분을 한다. 개화 후 꽃이 피어있는 시기는 2일 정도로 꽃이 진 자리에 깨알만 한 열매가 맺힌다. 녹색 상태로 자라던 커피 열매는 익으면 빨갛게 변하는데 이를 커피체리(Coffee Cherry)라 부른다.

〈커피체리〉

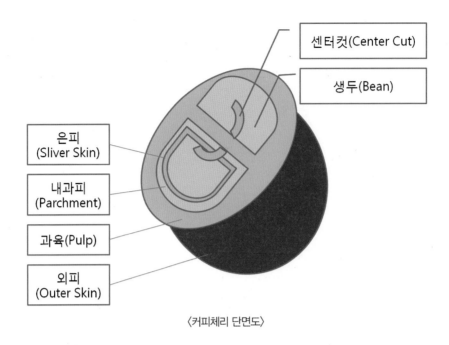

<센터컷(Center Cut)>

<생두(Bean)>

<은피 (Sliver Skin)>

<내과피 (Parchment)>

<과육(Pulp)>

<외피 (Outer Skin)>

〈커피체리 단면도〉

외피/겉껍질(Outer Skin)

체리를 감싸고 있는 맨 바깥의 껍질로 외과피에 해당한다.

과육/펄프(Pulp)

단맛이 나는 과육으로 중과피에 해당한다.

내과피/파치먼트(Parchment)

생두를 감싸고 있는 딱딱한 껍질로 점액질에 쌓여 있으며 내과피에 해당한다.

은피/실버스킨(Silver Skin)

파치먼트 안에 생두를 감싸고 있는 얇은 반투명 껍질이다.

생두(Green Bean)

커피콩을 말하며 그린빈(Green Bean)이나 그린 커피(Green Coffee)라 부른다.

센터컷(Center Cut)

생두 가운데 나 있는 S자 형태의 홈을 말한다.

☕ 피베리(Peaberry)

〈피베리〉

커피체리 안에는 일반적으로 두 개의 콩이 들어있으나 한 개의 콩만 들어있는 경우도 있는데 이를 피베리(Peaberry)라 부른다. 유전적 결함이나 환경적인 조건에 의해 생긴 미성숙두라 한때는 결점두로 취급해 버려졌으나 지금은 스페셜 등급으로 거래되고 있다. 일반적으로 생산지 전체 생산량의 약 5~10% 정도가 피베리다. 피베리는 커피나무 가지 끝에서 많이 발견되곤 하는데 그 이유는 몸통에 가까운 열매들이 먼저 양분을 차지하기 때문에 가지 끝에 맺히는 열매는 양분이 부족해 한 개의 씨앗만 품기 때문이다.

☕ 커피 생산국과 대표 브랜드(지명 또는 품종)

	예멘	모카 마타리, 모카 스마일리
아프리카	에티오피아	예가채프, 시다모, 하라
	케냐	AA
	탄자니아	킬리만자로
	우간다	부기슈
	앙골라	엠브리즈, 엠보임, 노보레돈노
	부룬디	엔고마, AA
	카메룬	엘러펀트, 롱베리
	콩고	오리엔탈, 키부
	코트디브아르	아이보리코스트
	르완다	마라다, 버본
	마다카스카르	로부스타
	말라위	엠주주
	잠비아	테르노바, 카팡가, 무나리, 치소바, 낭가, 무투위라
	세인트헬레나	유기농
	남아프리카공화국	나탈
	짐바브웨	치팡가

	인도네시아	코피루왁, 만델링, 수마트라, 가요마운틴, 슬라웨시토라자,
아시아	인도	몬순말라바
	필리핀	팜시벳, 코피루왁
	파푸아뉴기니	시그리, 마운트하겐, 아로나, 파라카
	태국	반도이창
	베트남	콘삭
	중국	카티모르, 시마모
	동티모르	에르메라, 아이나로, 리퀴사
	호주	스카이베리, 마운틴탑

중앙아메리카 & 카리브해	자메이카	블루마운틴
	하와이	코나
	푸에르토리코	캐리비안마운틴, 얀코, 셀렉토
	코스타리카	코랄마운틴, 따라주
	과테말라	안티구아 SHB
	멕시코	알투라, 리퀴드암바
	쿠바	크리스탈마운틴
	도미니카	산토도밍고
	엘살바도르	SHG, 파카마라
	온두라스	SHG
	니카라과	누에바세고비아
	파나마	보큐테SHB, 게이샤
	아이티	아이티블루

남아메리카	콜롬비아	수프리모
	브라질	산토스 NO.2, 세라도
	볼리비아	AAA
	갈라파고스 제도	SHB
	에콰도르	안데스마운틴, 루비마운틴
	페루	찬차마요
	베네수엘라	카라카스

커피의 가공과 유통

☕ 커피의 수확

파치먼트를 파종해 40~60일 정도가 지나면 싹이 튼다. 떡잎이 나온 후 1년까지는 종묘장에서 기르고 이후 농장에 이식한다. 커피나무는 열대성 단일재배 다년생 작물이며 씨앗을 심어 싹을 틔운 후 이르면 3년, 늦어도 5년째에는 열매를 맺기 시작하고, 6~15년 정도가 가장 많은 수확량을 자랑한다.

〈잘 익은 열매만을 골라서 수확하는 핸드피킹 수확〉

사람에 의한 수확방법(Manual Harvesting)

	스트립핑(Stripping)	핸드피킹(Hand picking)
방법	가지에 달린 커피를 한번에 훑어 수확하는 방법	익은 커피체리만을 골라서 수확하는 방법
특징	익은 체리와 익지 않은 체리를 한꺼번에 수확하기 때문에 미성숙두가 포함되어 품질이 좋지 않음	잘익은 체리만을 여러 번에 걸쳐 선별적으로 수확하기 때문에 비용이 많이 드는 단점이 있지만 품질이 좋음
비고	스트립 피킹(Strip Picking)이라 불리기도 함	셀렉티브 피킹(Selective Picking)이라 불리기도 함

〈기계로 대량 수확하는 방법〉

기계에 의한 수확 방법(Mechanical Harvesting)

기계가 커피나무 전체를 감싸 나뭇가지나 열매를 털어 자동적으로 수확하는 방식으로 주로 브라질의 대규모 농장에서 로부스타를 수확할 때 많이 사용한다. 스트리핑과 마찬가지로 품질이 일정치 않으나 인건비가 많이 절약되는 장점이 있다.

〈펄핑기로 커피체리의 외피를 제거하는 모습〉

커피체리를 수확한 후 과육을 제거하는 과정을 '펄핑(Pulping)'이라고 한다. 펄핑에 사용되는 펄퍼에는 Disc Pulper, Screen Pulper, Drum Pulper가 있다.

🍵 다양한 커피 가공법

건식법(Dry Method, Unwashed Natural Processing)

〈커피체리를 통째로 말리는 건식법〉

체리를 수확한 후에 펄프를 제거하지 않고 자연 그대로 건조시키는 방법으로 물이 부족하고 건조하며 햇빛이 좋은 지역에서 주로 이용하는 전통 방법이다. 습도가 높은 생산국에서는 건조작업 시 체리가 썩기 때문에 수확한 체리를 건조장에 넓게 편 다음 수분이 10~13% 정도가 될 때까지 건조한다. 건식법에서 체리 건조는 12~21일, 파치먼트 건조는 7~15일 정도가 소요된다. 과육이 생두에 흡수되어 습식법에 비해 상대적으로 달콤함과 바디감이 풍부한 커피를 생산할 수 있다. 건식법으로 생산된 커피를 '내추럴 커피(Natural Coffee)'라 한다.

습식법(Wet Method, Washed Processing)

〈발효조에 외피를 제거한 커피 열매를 담그는 습식법〉

펄프를 제거하고 파치먼트에 있는 점액질을 제거하는 과정에서 발효탱크에서 16~36시간 정도 발효시키는 과정을 거치는 것을 습식법이라 한다. 이렇게 발효를 시키면 PH가 3.8~4.0으로 내려간다. 물이 풍부한 중남미 지역에서 아라비카 커피 생산 시 주로 이용되며 건식법에 비해 상대적으로 신맛, 밝고 깨끗한 맛이 우수하며 균일한 품질의 생두를 얻을 수 있다.

세미 위시드(Semi Washed)

펄프를 제거하고 점액질까지 물에 씻거나 제거해 건조시키는 방식으로 전통적인 발효 과정을 거치지 않는다.

〈커피체리 외피를 벗기고 점액질까지 물로 씻어낸 생두〉

펄프드 내추럴(Pulped Natural) / 허니 프로세스(Honey Process)

〈점액질 상태로 건조 중인 파치먼트 상태의 생두〉

펄프를 제거하고 파치먼트에 있는 점액질은 제거하지 않고 그대로 건조하는 방식이다. 주로 브라질에서 펄프드 내추럴 가공법이라 부르며 많이 사용하던 방법인데, 지금은 독특한 맛과 향을 지니게 하기 위해 '허니 프로세스'라는 명칭으로 다른 국가에서도 많이 사용한다. 점액질을 남기는 양에 따라 블랙 허니(Black Honey), 레드 허니(Red Honey), 옐로우 허니(Yellow Honey), 화이트 허니(White Honey)로 나뉜다.

왯 훌(Wet Hulled) / 길링바사(Gilling Basah)

〈왯 훌 방식으로 가공되어 생두 끝이 갈라져 거칠어 보이는 인도네시아 생두〉

수마트라, 술라웨시, 자바 등 인도네시아의 커피 생산지에서 전통적으로 커피를 가공해온 방식이다. "젖은(Gilling) 상태에서 빻다(Basah)" 또는 "젖은(Wet) 상태로 벗겼다(Hulled)"는 의미다. 수분이 완전히 마르지 않은 상태에서 강제로 파치먼트를 벗겨내기 때문에 생두 끝이 갈라져 생두가 거칠어 보인다. 인도네시아에서만 독특하게 왯 훌 가공을 하는 이유는 커피 수확 시기의 기후 때문이다. 커피는 수확 후 충분히 건조할 수 있는 햇볕이 필요한데 이 시기에 인도네시아는 우기가 시작된다. 습도가 높으면 생두 건조가 어렵고 박테리아 증식으로 인해 쉽게 썩을 수 있기 때문에 농부들 입장에서는 최대한 빨리 커피 열매를 처리해 중간상인이나 가공소에 넘겨야 하는 것이다.

무산소 발효(Anaerobic Fermentation)

〈무산소 발효통〉

무산소 발효는 산소가 없는 환경에서 이루어지는 미생물의 대사 과정을 말한다. 일반적으로 공기 중에 노출된 상태로 발효시키는 방법과는 다르다. 보통은 커피체리의 겉껍질(Pulp)을 제거한 뒤 과육이 있는 상태로 밀폐용기(오크통, 스테인리스통, 비닐백 등)에 담고 이산화탄소를 주입해 완전히 산소를 제거한 무산소 환경으로 만든다. 일정 기간 발효시킨 뒤 꺼내어 건식법(Anaerobic Natural)이나 습식법(Anaerobic Washed)으로 가공해 마무리하는 방식이다.

탄소침용법(Carbonic Maceration)

커피체리를 통째로 밀폐용기(오크통, 스테인리스통)에 넣어 이산화탄소를 주입해 산소를 제거한 후 무산소 환경을 만들어 일정 기간 발효시킨 뒤 꺼내어 건식법(Anaerobic Natural)이나 습식법(Anaerobic Washed)으로 가공해 마무리하는 방식이다. "이산화탄소(Carbonic)에 푹 담근다(Merceration)"는 의미를 가진 가공법이다. 무산소 발효는 겉껍질을 제거하고 밀폐용기에 넣는 데 반해 탄소침용법은 커피체리를 통째로 넣는 것이 다르다. 커피체리를 통째로 넣으면 체리 내부에서부터 발효가 일어나고 이렇게 발효된 커피는 타닌 성분이 적어 부드러운 맛의 특성을 보인다.

저온 발효(Cold Fermentation)

온도가 높을수록 효모의 활동이 활발해진다. 저온 발효의 핵심은 효모의 활동을 억제시키는 것이다. 효모는 상온(20~30도)에서 산소호흡이 가장 활발하기 때문에 과발효가 일어나고 이 결과물로 불쾌한 신맛이 나는 것이다. 발효는 미생물이 호흡하면서 고분자 물질을 저분자로 분해하는 반응이다. 미생물의 호흡이 빨라질수록 주변의 온도가 높아지고, 이 열로 인해 발효가 더 촉진된다. 이런 과정으로 발효가 반복되다 어느 순간 미생물의 호흡이 멈추게 되는데 이 정도가 되면 식품이 부패한 것이다. 커피 열매에 존재하는 효모(미생물)가 과육과 점액질의 당분을 양분 삼아 에너지를 만들고 당을 분해하여 산(Acid)을 만든다. 이렇게 발효가 진행되면서 여러 가지 산 외에도 다양한 성분을 만든다. 저온 발효는 바로 이 효모 활동의 속도를 조절해 급격한 발효를 막아 고온 발효로 생성되는 기분 나쁜 신맛(Sour)을 막는 것이다. 저온 발효는 타이밍을 적절히 조절해 커피의 향미뿐만 아니라 일관적인 품질 유지와 관리도 가능한 가공법이다.

배럴 에이징(Barrel Aging)

〈베럴 에이징〉

위스키나 맥주를 담글 때 사용한 오크통에 생두를 넣어 숙성시키는 방법이다. 중세 시대에 커피를 오크통에 넣고 오랜 항해를 하다 보면 의도치 않게 좋은 맛과 향을 얻을 수 있었는데 여기서 착안해 생두를 숙성 가공하는 방식이다. 위스키나 맥주를 담갔던 오크통에 생두를 넣고 밀봉하면 다공질 구조를 가진 생두가 오크통의 위스키나 맥주 향을 흡수해 그 향미를 나타내게 된다. 오크통에 담고 매일 흔들어 생두에 골고루 향이 흡수되는 과정을 반복하는데 2~3개월의 시간이 소요된다. 주기적으로 생두의 향미와 수분율을 측정해 원하는 수준에 도달하면 오크통에서 분리한다.

 커피선생의
Coffee Note | 커피 열매에서 얻을수 있는 생두의 양

커피체리 100kg을 수확한 후 모든 가공 과정을 거쳐 얻을 수 있는 생두의 양은 건식법, 습식법 모두 20kg 내외이다. 가공 과정에서 체리와 과육, 파치먼트 등의 무게가 빠지기 때문이다.

☕ 커피 건조

커피체리에서 분리된 파치먼트 상태의 커피 생두는 함수율이 60~65% 정도다. 이 생두의 함수율을 13% 내외로 맞추기 위해 건조 과정이 진행된다.

구 분	햇볕 건조(Sun Dry)		기계 건조 (Machine DRY)
	파티오(Patio) 건조	건조대(Table) 건조	
방법	콘크리트, 아스팔트, 타일로 된 건조장에 커피체리나 파치먼트를 펼쳐 놓은 후 뒤집어주며 골고루 건조시키는 방법	대나무나 나무로 짠 건조대 위에 파치먼트를 펼쳐서 건조시키는 방법	수분함량이 20% 정도에 이르렀을 때 드럼형 건조기나 타워형 건조기에 넣어 건조시키는 방법
특징	파치먼트 : 7~15일 커피체리 : 12~21일	파치먼트 건조에 주로 사용 (5~10일 소요)	40℃ 정도의 온도로 건조

〈건조 중인 파치먼트〉

☕ 커피 탈곡

탈곡(Milling)은 생두를 감싸고 있는 껍질이나 파치먼트, 은피(Silver Skin)를 제거하는 과정으로 습식 가공(Washed)의 파치먼트를 제거하는 것을 헐링(Hulling), 내추럴 가공(Natural) 커피의 껍질과 파치먼트를 제거하는 것을 허스킹(Husking)이라 한다. 탈곡을 거친 후 생두 표면에 붙은 은피를 제거하는 과정을 폴리싱(Polishing)이라 하는데 하와이안 코나 커피가 폴리싱하는 대표적인 커피다.

〈커피 탈곡기〉

 Coffee Note 햇 콩과 묵은 콩

쌀에도 햅쌀과 묵은 쌀이 있는 것처럼 커피에도 새 커피(New Crop), 오래된 커피(Past Crop), 아주 오래된 커피(Old Crop)가 있다.

구분	특징
뉴 크롭(New Crop)	수확일로부터 1년 이내의 생두 적정 함수량(13% 내외)을 유지 향미, 수분, 유지 성분이 풍부 Dark Green Color 로스팅 시 열전도가 빠름
패스트 크롭(Past Crop)	수확일로부터 1년이 지났지만 2년이 안된 생두 적정 함수량에 미달 향미, 수분, 유지 성분이 약함 옅은 Green Color 또는 Brown Color 로스팅 시 열전도가 느린 편
올드 크롭(Old Crop)	수확일로 부터 2년이 지난 생두 적정 함수량에서 많이 벗어남 향미, 수분, 유지 성분이 매우 약함 Brown Color 또는 Yellow Color 로스팅 시 열전도가 아주 느림 건초나 볏짚 향

〈탈곡 후 보관 중인 생두〉

탈곡을 마친 커피 생두는 백에 담아 통풍이 잘되고 너무 밝지 않은 창고에 보관한다. 일반적으로 워시드 커피는 내추럴 커피보다 보관 기간이 더 짧다. 포장 단위는 일반적으로 백 한 개당 60㎏이 국제적인 기준이지만 생산국가마다 포장단위가 조끔씩 다르다.

생두의 분류

국가별 기준

등급 기호	기 준	해당 국가
AA - A - B - C PB	커피 생두의 크기 스크린 사이즈에 따른 분류	케냐, 탄자니아, 우간다, 인도, 잠비아, 짐바브웨, 파푸아뉴기니, 말라위, 푸에르토리코
SHB(Strictly Hard Bean) - HB	커피 생산지역의 고도	코스타리카, 과테말라, 엘살바도르, 파나마
SHG(Strictly High Grown) - HG - LG	커피 생산지역의 고도	멕시코, 니카라과, 페루
G1~G6	결점두의 수	인도네시아
G1~G8	생두 300g당 포함된 결점두의 수	에티오피아
Extra Fancy - Fancy - Prime	커피 생두의 크기와 외관 Peaberry는 크기 상관없이 최상품으로 분류	하와이
Blue Mt - High Mt - PW	스크린 사이즈에 의한 분류	자메이카
Supremo - Exelso	커피 생두의 크기와 외관	콜롬비아

크기에 따른 분류(Screen Size)

생두의 크기는 스크린 사이즈(Screen Size)로 분류되며, 1 스크린 사이즈는 1/64인치로 약 0.4mm이다. 예를 들어, Screen Size 18이라면 18/64인치의 구멍을 통과하지 못하는 콩을 의미하며, 일반적으로 생두의 크기가 클수록 등급이 높다. 생두의 크기는 '폭'을 기준으로 하며, '#'(예: #20)으로 표시한다.

스크린 No.	크기 (mm)	English	Spanish	Colombia	Africa, Indo	Hawaii, Jamaica
20	7.94	Very Large Bean	—	Supremo	AA	Extra Fancy
19	7.54	Extra Large Bean				
18	7.14	Large Bean	Superior		A	Fancy, Blue Mountain No.1
17	6.75	Bold Bean		Excelso		
16	6.35	Good Bean	Segunda		B	Blue Mountain No.2
15	5.95	Medium Bean				Blue Mountain No.3
14	5.55	Small Bean	Tercera		C	
13	5.16	Peaberry	Caracol		PB	
12	4.76					
11	4.30		Caracoli			
10	3.97					
9	3.57		Caracolillo			
8	3.17					

고도에 의한 분류

커피 생두가 생산된 지역의 고도에 따라 분류하는 방법이다. 과테말라와 코스타리카는 최상급이 SHB(Strictly Hard Bean)이며, 멕시코, 온두라스, 엘살바도르 등은 최상급이 SHG(Strictly High Grown)이다.

생두가 비었거나, 곰팡이에 의한 발효, 벌레가 먹는 등의 여러 이유로 손상된 것을 결점두라 한다. 브라질, 인도네시아 등의 생산 국가들은 샘플(300g)에 섞여있는 결점두를 점수로 환산하여 분류한다. 브라질은 No.2~8 등급으로 구분하며 인도네시아나 에티오피아는 Grade 1~8로 분류한다.

생두의 유통

〈선적 준비 중인 생두 포대〉

생두 유통이란 생산자, 수출업자, 수입업자, 중개인으로부터 생두를 확보하여 소비국의 로스터에게 보급하는 과정을 말한다. 지금은 다이렉트 소싱, 경매, 인증 프로그램 등 유통에도 많은 변화가 있지만 전통적인 유통 과정을 알아야 새로운 방식에도 적용할 수 있다.

생산자

커피 생산자는 개인 농지를 운영하는 농부 또는 협동조합에 가입한 조합원을 말한다. 이들은 경작지에 커피나무를 심어 수확한 커피체리를 직접 가공해 생두로 판매하거나, 체리를 '밀(Mill)' 또는 '코요테'라 부르는 중간상인에게 약 46kg당 1달러 정도의 가격에 넘긴다. 체리를 사들인 밀은 습식, 건식, 세미 워시드, 펄프드 내추럴(허니 프로세싱) 방식 중 선택하여 가공한 다음 창고 등에 보관하여 산지 생두 구매자에게 판매한다.

생두 구매자(수출업자)

산지의 생두 구매자는 생두가 생산국에 있는 동안 커피를 완전히 소유하고 생두 대금을 치를 수 있는 수출업자다. 수출업자는 생두가 목적지에 도달할 때까지 해상운송료, 보험료, 이자, 관세, 본선 인도 비용 등 모든 비용을 부담한다. 보통 생두는 선박에 선적할 때까지는 판매자가 커피에 관한 재정적 책임 및 실질적 책임을 지고, 선박으로 인수 받은 후에는 소비지 구매자가 대금 전액을 지급하고 재정적, 실직적 책임을 진다. 구매자와 청약 및 계약이 완료되면 파치먼트 상태로 보관하고 있던 커피를 '헐링(Hulling)' 하고 등급을 분류해 선적한다.

생두 수입자

수입업자는 생두를 구매하고 소유한 후 중개상이나 로스터와 같은 고객에게 판매한다. 중개상은 수입업자와 구매자를 연결해 일정 수수료를 받고 판매하기도 하는데, 대부분의 커피 생두는 수입자가 직접 소비자에게 판매하는 경우가 많다.

구매자

수입자 또는 중개상과 청약 및 계약을 통해 생두를 구매하는 사람을 말한다. 소량화물(LTL, Less Than Container Load), 컨테이너 전체(FCL, Full Container Load) 단위로 거래가 이루어진다. 큰 로스터리를 운영하는 공장의 경우 컨테이너 단위로 거래를 하면 더 저렴한 가격에 구매가 가능하다. 소규모로 운영되는 개인 로스터리의 경우 수입자나 중개상으로부터 포대 단위나 소분된 단위로 구매한다. 컨테이너 단위로 거래하는 경우 생두 샘플을 공짜로 받아 볼 수 있지만, 소량화물로 거래하는 경우 샘플비를 별도로 지급하는 경우가 많다.

커피 생두

생두의 성분

커피 생두는 다양한 성분들로 구성되어 있다. 생두의 성분 중에 가장 많은 비중을 차지하는 것은 다당류로 전체 생두 무게의 약 35~55% 정도이다. 아라비카종과 로부스타종 모두 다당류의 함량이 비슷하지만 세부적인 성분 차이는 있다. 그 외 지질 11~13%, 단백질 12%, 클로로겐산 6~11%, 무기질 3~5%, 지방산 2% 내외, 카페인과 트리고넬린이 1% 정도 들어있다.

구성 성분	아라비카(Arabica)	로부스타(Robusta)
카페인	0.6 ~ 1.5	2.2 ~ 2.7
클로로겐산(폴리페놀 화합물)	6.2 ~ 7.9	7.4 ~ 11.2
수크로스, 환원당(당 성분)	5.3 ~ 9.3	3.7 ~ 7.1
자유아미노산(단백질 성분)	0.4 ~ 2.4	0.8 ~ 0.9
아라반(Araban, 당 성분)	9.0 ~ 13.0	6.0 ~ 8.0
만난(Mannane, 당 성분)	25.0 ~ 30.0	19 ~ 22
갈락쓰(Galactan, 당 성분)	4.0 ~ 6.0	10.0 ~ 14.0
기타 다당류	8.0 ~ 10.0	8.0 ~ 10.0
트리글리세라이드(지방 성분)	10.9 ~ 14.0	8.0 ~ 10.0
단백질	12.0	12.0
트리고넬린(알칼로이드 성분)	1.0	1.0
기타 지질(리놀산, 팔미티산 등)	2.0	2.0
기타 산(구연산, 사과산, 퀸산, 인산 등)	2.0	2.0
회분(비휘발성 무기 성분)	4.0	4.0

자료: Cliffort and Wilson(1985)

카페인은 무색무취의 백색 결정으로 흥분과 각성, 이뇨, 진통 등의 효과가 있는 성분이다. 생두에는 약 2% 내외가 함유되어 있지만 쓴맛과 상쾌한 자극을 주어 커피의 특성을 결정짓는 중요한 성분이다. 카페인은 몸에 흡수되면 24~48시간 이내에 모두 배출되고 신체 활성화, 암 예방 등 우리 몸에 긍정적인 영향이 더 많다. 커피콩을 볶으면 갈색으로 익어가는데 이는 당 성분이 화학 반응을 일으켜 캐러멜화되기 때문이다. 여기에 지질, 아미노산, 단백질 성분 등이 커피 향미 발현에 영향을 주어 로스팅된 커피에는 독특한 향기와 다양한 맛이 나는 것이다.

☕ 생두의 선택과 유형별 분류

로스팅의 대상물은 생두다. 로스팅으로 좋은 결과물을 얻으려면 좋은 생두를 구매하고 그 생두를 분석하여 로스팅 계획을 수립해 특성에 맞게 볶아야 한다. 어떤 생두를 선택하는 것이 좋은지, 커피에 나쁜 향미를 주는 결점두는 어떤 것들이 있는지, 로스팅을 위한 생두 분류는 어떻게 해야 하는지 알아보자.

생두의 선택

생두를 구입할 때 고려해야 할 사항은 모양, 두께, 사이즈, 색, 센터컷의 펴짐 정도, 함수율 등이다. 이 모든 요소를 골고루 다 갖춘 생두라면 가장 이상적인 품질인데 이런 상품은 찾아보기 힘들다.

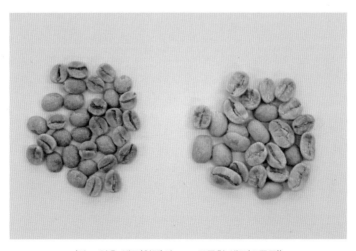

〈작고 얇은 생두(왼쪽)와 크고 두툼한 생두(오른쪽)〉

산이나 바다에서 수확하는 작물은 대부분 크고 튼실한 것이 좋다. 커피 생두도 마찬가지로 작고 얇은 콩보다는 크고 두툼한 콩이 좋다. 스크린 사이즈가 큰 콩은 작은 콩보다 더 풍부한 맛과 향을 지니고 있다. 작고 얇은 콩과 크고 두툼한 콩을 나눠 볶은 다음 테이스팅해보면 바로 차이를 알 수 있다. 콩의 알맹이는 크지만 얇은 콩은 향미가 다소 밋밋한 경향이 있고, 알맹이가 크고 두꺼우며 부드럽게 부푼 콩은 고지대에서 재배된 밀도가 좋은 콩일 확률이 높다. 밀도가 좋은 콩은 맛의 풍부함과 깊이, 확산이 확실히 좋다.

〈수분이 적은 생두(왼쪽)와 수분이 많은 생두(오른쪽)〉

함수율이 적은 생두는 왼쪽 콩처럼 연노란색을 띤다. 반대로 수분이 많은 생두는 진녹색을 띤다. 건식 가공(Natural Process)한 생두는 자연적으로 연노란색을 띠는데 이 경우를 제외하고, 습식 가공(Washed Process)한 생두가 연노란색을 띠는 경우는 오래되어 수분이 증발한 경우다. 생산지에서 건조 과정을 거친 생두는 약 13% 정도의 수분을 함유하고 있는데 유통 과정을 거쳐 최종 소비지의 로스터가 생두를 받는 시점에는 약 10% 내외의 수분이 남아있다. 오랜 보관으로 인해 수분이 증발한 생두의 함수율을 측정해보면 거의 8% 이하로 나온다. 함수율이 높은 콩을 왜 선택해야 하는지 묻는다면, 묵은쌀로 지은 밥과 햅쌀로 지은 밥맛의 차이를 생각해보면 된다. 당연히 수분 함량이 많은 커피콩이 더 다양한 향미를 지니고 있다.

〈크기가 균일하지 않은 생두(왼쪽)와 균일한 생두(오른쪽)〉

커피 생산 국가별로 재배하는 품종이 다르고, 커피 등급 기준이 다르기 때문에 생두 모양과 크기가 제각각이다. 육안으로 생두를 식별해 선택해야 한다면 크기가 들쑥날쑥 균일하지 않은 왼쪽 콩보다는 오른쪽 사진처럼 균일한 크기를 가진 콩을 선택하는 것이 좋다. 크기 편차가 심한 콩을 로스팅하면 배전 얼룩(어떤 콩은 안 익고 어떤 콩은 너무 많이 익는 현상)이 생겨 좋은 향미를 기대하기 어렵다. 에티오피아처럼 결점두 수를 기준으로 등급을 매기는 생두의 경우에는 어쩔 수 없이 큰 콩과 작은 콩이 섞여 있다. 그래서 일정한 포인트로 볶아 내기 어렵다. 로스팅에서는 콩의 대/소에 따른 맛의 우열보다 사이즈가 고른지 아닌지가 오히려 더 중요하다.

〈노란색을 띠는 생두(왼쪽), 연노란색 생두(가운데), 녹색 생두(오른쪽)〉

생두의 색상을 보면 노란색에 가까운 콩, 연노란색을 띠는 콩, 진녹색 콩 등 다양한 색상을 가지고 있다. 색을 보고 생두를 선택해야 한다면 사진의 오른쪽 진녹색 콩을 선택하는 것이 좋다. 보통 녹, 청 계열의 색이 강할수록 수분이 많고, 갈색에서 백색에 가까울수록 수분이 적기 때문이다. 품종이나 가공 방식에 따라 색이 다르기도 해서 반드시 그런 것은 아니지만, 콩의 색은 함수량을 나타내기 때문에 균일한 색을 띠는 콩을 로스팅하면 좋은 결과물을 얻을 가능성이 크다.

〈센터컷이 흐릿한 생두(왼쪽)와 선명한 생두(오른쪽)〉

마지막으로 생두를 선택할 때 참고해야 할 것은 센터컷과 실버스킨이다. 사진의 오른쪽 콩처럼 센터컷이 말끔하고 실버스킨이 은색을 띠는 것이 좋다. 실버스킨이 연노란색을 띠는 경우는 대부분 건식 가공(Natural Process)이며, 건식 가공하지 않은 생두가 연노란색이나 노란색의 실버스킨을 가지고 있다면 올드크롭이거나 품질이 좋지 않은 콩이다.

핸드픽(Hand Pick)

핸드픽은 생두 혹은 원두에 섞인 결점두나 이물질 등을 손으로 골라내는 작업을 말한다. 커피 열매를 수확해 가공 과정을 거치고 파치먼트를 벗겨내는 '헐링(Hulling)' 작업은 거친 생두에는 돌, 나뭇가지, 금속조각, 흙, 나무 열매, 동전, 유리 등이 섞이기도 한다. 커피 산지에서는 풍력으로 커피 생두와 이물질을 분리해 내는 비중 선별기를 쓰기도 하는데 완벽하게 제거가 되지 않아 마지막은 사람의 손으로 골라내야 한다.

〈핸드픽으로 골라낸 결점두〉

이물질 외에 커피콩의 결점두에는 사두, 벌레 먹은 콩, 흑두, 곰팡이 콩, 패각두, 발효두, 깨진 콩, 파치먼트, 비 탈곡 콩 등이 있다. 이런 콩들은 생두 상태에서 육안으로 식별해서 골라낼 수도 있지만, 그렇지 못한 경우도 있기 때문에 핸드픽은 생두에서 한 번, 로스팅 전에 한 번, 로스팅 후에 한 번 하게 된다. 요즘은 스페셜티 등급의 커피가 많아 결점두의 비율이 10% 이내지만, 커머셜 급의 경우 20% 이상 결점두가 섞이는 경우도 있다.

결점두가 많이 섞인 생두를 로스팅하면 얼룩덜룩한 원두가 된다. 정상적인 원두와 비교했을 때 결점두는 탄화 속도가 빠르고, 반대로 잘 익지 않고 하얀 혹은 연노란색을 띠기도 한다. 핸드픽을 하지 않고 결점두가 많이 포함된 커피의 맛을 보면 향미가 확실히 떨어진다. 때로는 얼얼한 느낌이 나기도 하고, 곰팡이 냄새 같은 불쾌한 향미가 느껴지기도 한다.

〈결점두를 골라내는 핸드픽〉

맛과 향이 좋은 커피를 만들기 위해서는 핸드픽은 반드시 해야 할 작업이다. 로스팅하기 전 생두 상태에서 한 번, 로스팅 후 한 번 하는 게 가장 좋지만 여의치 않을 경우 두 번 중 한 번은 꼭 진행하도록 한다.

☕ 결점두의 종류

커피 가공은 커피 생산 과정 중 커피 씨앗을 수확한 후 체리에서 외피와 과육을 제거하고 건조하여 생두로 수출할 수 있도록 준비하는 과정을 말한다. 가공에서 발생하는 결점두는 이 단계에서 발생하며 펄핑, 세척, 발효, 건조, 클리닝, 헐링 과정에서 잘못되는 경우가 많다. 결점두의 종류에는 어떤 것들이 있는지 알아보자.

전체 블랙(Full Black) / 부분 블랙(Partial Black)

〈부분 또는 전체가 검은 생두〉

발생 원인은 지나치게 익은 체리를 따거나 가공 중 환경을 적절히 관리하지 못하여 발생하는 과발효 때문이다. 생두 전체 혹은 일부가 검은색을 띠며 이 콩을 볶으면 썩은 과일과 같은 발효 취, 곰팡이 냄새가 난다.

전체 사우어(Full Sour) / 부분 사우어(Partial Sour)

〈전체 또는 부분이 갈색으로 변한 콩〉

발생 원인은 지나치게 익은 체리를 따거나 나무에서 떨어진 체리를 가공한 경우다. 물의 오염, 나무에 달려 있어도 체리가 발효를 시작할 정도의 습한 환경 등으로 인해 생기기도 한다. 생두 전체 또는 일부가 노랑, 황갈색, 적갈색을 띠는데 이 콩을 볶아서 테이스팅해보면 식초의 기분 나쁜 신맛이 난다.

곰팡이 피해(Fungus Damaged)

〈황색, 적갈색의 점이나 구멍이 있는 생두〉

발생 원인은 체리 껍질을 제거할 때 잘리거나 흠집이 생겨 곰팡이가 생긴 경우다. 일관적이지 않거나 장시간 건조, 고온 고습에서 파치먼트를 보관한 경우에도 발생한다. 황색, 적갈색의 점 또는 구멍이 있는데 발효취나 곰팡이 냄새, 흙, 먼지, 페놀릭의 플레이버를 띤다.

이물질(Foreign Matter)

〈생두에 섞여 있는 이물질〉

생두에 흙, 나무, 자갈, 시멘트, 곡물 등 이물질이 섞인 경우를 말한다. 가공 과정이나 생두 포장 과정에서 허술하게 작업할 경우 이물질이 많이 혼입된다. 심한 경우 생산지에서 일하는 인부들의 머리카락이나 신체 일부가 발견되기도 한다.

안 벗겨진 체리(Hull)

〈체리가 다 벗겨지지 않은 생두〉

발생 원인은 내추럴 가공 과정 중 드라이 밀에서 밀링머신이 제대로 조절되지 않았기 때문이다. 밀링 작업에서 깎여 나가야 할 체리 껍질이 생두에 남아 있는 경우를 말하는데, 과발효되었거나 곰팡이가 있는 체리일 경우에 많이 발생한다. 이런 콩을 볶으면 아로마가 거의 없다.

병충해(Severe Insect Damaged)

〈병충해 먹은 생두〉

농사나 가공 과정에서 곤충이 생두를 갉아먹는 등의 피해를 입힌 경우에 발생한다. 곤충 자체는 큰 피해가 아닐 수 있지만 곤충이 생두에 피해를 주고 생두를 갉아먹으면 곰팡이와 박테리아가 자랄 수 있다. 이런 콩을 볶으면 굉장히 역한 맛이 난다.

미성숙(Immature)

〈크기가 작고 변형된 생두〉

발생 원인은 잘못된 수확이다. 커피 생두가 아주 작거나 변형되어 있으며 실버스킨이 단단하게 붙어있다. 이런 콩을 볶으면 풀 맛이나 떫은맛이 난다.

마른 생두(Skinny Bean)

〈바짝 마른 생두〉

체리 성숙 과정에서 물이 부족한 경우에 깡마른 생두가 되고, 재배지에 가뭄이 든 경우에도 많이 발생한다. 풀 맛, 지푸라기, 떫은맛 등 좋지 않은 향미가 난다.

조개 모양(Shells)

〈조개껍질처럼 속이 비어 있는 생두〉

유전인 원인으로 발생한다. 반으로 갈라진 생두가 나머지를 둘러싼 조개 모양의 생두로 크는데 나머지 절반은 크기가 작아서 가공 과정에서 걸러진다. 정상적인 콩과 함께 볶으면 균일하게 로스팅되지 않고 전체적으로 커피 맛을 흐리게 하는 역할을 한다.

건조된 체리 껍질(Husk)

〈생두에 포함되어 있는 체리 껍질〉

가공 과정 중 걸러져야 할 커피 체리의 껍질이 혼입된 경우이다. 선별 기기가 제대로 작동하지 않을 경우 많이 발생한다. 이런 콩을 볶아보면 발효취, 먼지 냄새, 텁텁함, 곰팡이 냄새, 페놀의 악취가 난다.

부서짐/흠/잘린 생두(Broken/Chipped/Cut)

〈부서지고 잘린 생두〉

가공 과정에서 잘못된 기계조작으로 생두가 부서지거나 잘리는 경우 발생한다. 생두가 손상되면 미생물이 침투해 좋지 않다.

플로터(Floater)

〈표백된 것처럼 하얗게 바랜 생두〉

마른 상태의 생두가 습도에 노출되면서 수분을 재흡수하여 밀도가 낮아진 경우 표백된 것처럼 하얗게 변한다. 지푸라기 냄새나 발효취, 쓴맛 등 기분 나쁜 플레이버가 난다.

파치먼트(Parchment)

〈파치먼트가 붙어있는 생두〉

가공 과정에서 제대로 탈곡을 하지 못한 경우다. 파치먼트가 여전히 생두에 붙어있거나 온전히 남아있는 경우를 말한다. 좋지 않은 시나몬, 정향, 향신료 향미가 난다.

Chapter 2

커피를
커피를 볶는다는 것

빵을 만드는 기술, 와인을 만드는 기술, 전통주를 만드는 기술들은 세대를 거듭해 발전해왔지만, 커피 기술은 기록도 혁신도 없이 세월만 거듭하다 최근에 와서야 발견 또는 발전하는 단계에 있다. 다른 나라에 비해 상대적으로 커피 로스팅 역사가 짧은 우리나라는 로스팅 정보가 많지 않다. 기초를 다진다는 생각으로 로스터가 꼭 알아야 할 내용을 하나씩 정리해보자.

로스팅이란 무엇인가?

커피 로스팅은 생두에 열을 가해 볶는 것으로 로스터기를 예열하고 생두를 투입한 후 적절한 열에너지가 생두에 전달되면 배출한다. 이것이 커피 로스팅의 과정이다. 커피 생두를 로스터기에 넣는 사람은 최상의 결과물을 원한다. 이 커피가 가진 고유한 맛과 향을 최대한 발현시켜 누구에게나 인정받는 커피를 볶아 내고 싶은 것이다. 하지만 이런 일은 쉽게 일어나지 않는다. 초콜릿은 약 350가지의 성분을 함유하고 있고, 와인은 150가지 성분을 포함하고 있는데 커피는 1,000가지 이상의 향미 성분을 가지고 있어 이들 조합의 최고점을 찾아내기란 불가능하다.

반면 특별한 향미를 발현시키는 것은 가능하다. 고소한 향, 달콤한 향, 새콤한 향 등 경우에 따라 더 볶고, 덜 볶아 원하는 맛과 향을 창조해 낼 수 있다. 하지만 이렇게 특별한 향미에 치우치는 경우 잘못된 로스팅이 되는 경우가 많다. 너무 덜 볶아서 식초와 같은 신맛(Sour)이 나거나, 반대로 지나치게 볶아서 탄 맛(Burnt)이 나는 경우, 볶는 중에 불 조절을 잘못해서 떫은맛(Astringent)이 나는 경우가 대표적이다.

결국 로스팅은 잘해야 본전, 잘못하면 모든 것을 잃고 마는 게임과 같다. 하지만 맛과 향의 결점을 줄여가는 데 집중하고, 로스팅 중 발생하는 문제점에 대한 대처 능력과 다양한 경험을 축적해 노하우를 쌓아가다 보면 반드시 자신이 원하는 향미를 가진 커피를 생산해 낼 수 있다. 이를 위해 로스터기에 대해 정확히 이해하고 기계 내부에서의 열전달과 흐름에 대해서도 꿰뚫고 있어야 한다. 또한 로스팅이 진행되면서 일어나는 콩 내부의 화학 반응과 로스팅의 단계별 특성에 대해서도 숙지하고 있어야 한다.

커피 로스터기(Coffee Roast Machine)

☕ 로스터기는 어떻게 발전해 왔을까?

생두를 언제부터 로스팅하게 되었는지는 알려진 게 없다. 사람들은 돌이나 흙으로 빚은 접시를 불 위에 올리고 다시 그 위에 생두를 올려 노란색을 지나 갈색 혹은 검게 익어가는 커피콩을 호기심 어린 눈으로 지켜보았을 것이다. 불 위에 올리기 전에는 경험해 보지 못한 독특한 향기를 경험했을 것이고, 이것을 빻아 물에 우려 마셔보니 세상에 없던 맛을 경험했을 것이다. 이런 호기심들로 보다 새롭고 효율적인 로스팅 방식을 찾아냈고 지금에 이르렀다. 시대별로 어떻게 로스팅 기술이 발전해 왔는지 알아보자.

17세기 이전

15세기에서 16세기에 사용된 커피 로스터는 점토로 만든 구멍 뚫린 국자 모양으로 이 도구를 석탄 위에 올려 커피콩을 볶았다고 전해진다.

〈점토를 이용해 만든 현대식 로스팅 팬〉

17세기 초에는 뚜껑을 덮지 않은 프라이팬 모양의 로스터를 석탄이나 장작 위에 올려 커피를 볶았다. 17세기 중반에 이르러서 회전반(Crank)이 장착된 금속 실린더를 이용해 로스팅을 했다.

〈냄비 형태의 로스터〉

18세기

이 시기의 로스팅 장비는 금속판, 구리, 황동, 주철 등 다양한 재료를 이용해 박스형, 팬형, 냄비형으로 제작되었다. 거의 모든 로스터기가 수제로 제작되었으며, 전도열을 이용한 로스팅이 주를 이루었다.

〈초기 로스터기 형태 (출처: The evolution of coffee apparatus)〉

박스형이나 냄비형 로스터를 구 형태나 실린더 형태로 발전시켰다. 구 형태는 축과 회전반이 추가되었으며, 많은 양의 커피를 로스팅할 수 있었고 공기를 배출하는 기능도 있었다. 실린더 형태는 드럼 로스터의 시초가 된 제품으로 불 위에 포크 형태의 지지대를 놓고 그 위에 실린더를 얹어 축과 회전반으로 회전을 시키며 로스팅했다.

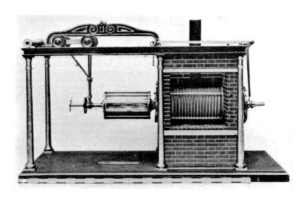

〈회전반을 적용한 로스터기 (출처: The evolution of coffee apparatus)〉

〈현대식 로스터기〉

열원이 석탄에서 천연가스로 전환된 시기이다. 다공 드럼형 로스터기를 가스 불 위에 바로 올려 효율적인 열전달이 가능하고, 팬을 회전시켜 뜨거운 공기가 드럼을 지나면서 대류열을 전달할 수 있도록 했다. 다공 드럼형 실린더의 국소 과열로 인한 팁핑(Tipping)의 영향을 줄이기 위해 이중벽 드럼이 도입되었고, 원하지 않은 과 배전 현상을 막고 커피 품질을 제어하기 위해 빠르게 냉각할 수 있는 트레이가 개발되었다.

☕ 로스팅에 사용되는 열원에는 어떤 것들이 있을까?

〈커피 로스터기 버너의 불꽃〉

전도

전도는 뜨거운 물질의 분자와 차가운 물질의 분자 사이의 직접 접촉을 통해 열이 전달되는 방식이다. 드럼 로스터기 안에서 잠재적인 전도 열원은 드럼, 전면판, 생두 세 가지이며, 드럼 로스터기 내의 전도 속도와 비율은 드럼 예열 온도와 투입하는 생두 질량에 의해 영향을 받는다. 전도열은 로스팅을 시작할 때 열전달 유형을 제어할 수 있다. 드럼에서 생두에 가하는 전도열을 제어하는 것은 사전 예열 온도를 통해서 가능하다. 예열 온도는 저장된 에너지로 온도가 높을수록 로스터기는 뜨거워지고, 많은 에너지가 드럼과 전면판에 저장되어 전도를 통해 전달될 수 있다. 예열에 일관성을 유지하면 동일한 양의 저장 에너지를 가지고 매번 로스팅을 시작할 수 있어 일관된 방식으로 로스팅 작업을 할 수 있다.

풀 배치보다 적은 양을 로스팅하는 경우, 풀 배치와 유사한 프로파일로 로스트하기를 원한다면 반드시 예열 온도(투입 온도)를 낮추어야 한다. 생두의 양이 적으면 필요한 예열 에너지도 적기 때문에 예열 온도를 테스트하려면 커피를 드럼에 투입한 후 빈(Bean) 온도계를 통해 가장 낮은 온도를 기록하고 배치 크기와 상관없이 터닝포인트를 동일하게 유지한다. 평소보다 적은 양을 로스팅하는 경우 풀 배치에서보다 터닝포인트가 높다면 다음에 이 배치 양으로 로스팅할 때는 예열 온도를 낮춘다. 로스터기에 투입되는 배치 양이 바뀔 때마다 적절한 예열 온도를 직접 결정해야 한다. 드럼 로스터기에서 적은 양을 로스팅 할 경우 로스팅을 시작한 후 에너지를 빼는 것보다 더하는 것이 쉽다. 전도열이 과하면 티핑, 불균일한 로스팅, 얼룩덜룩한 원두, 그슬린 원두의 증상이 나타난다.

대류

대류는 액체나 기체의 흐름을 통해서 열이 전달되는 현상이다. 커피 로스팅의 경우 이동하는 물질은 공기이며 열을 수렴하는 물질은 커피다. 대류에는 자연 대류와 강제 대류가 있다. 자연 대류는 공기가 가열되어 밀도가 변화하며 발생한다. 뜨거워진 공기는 가벼워져서 위로 올라가고, 밀도가 높은 차가운 공기는 아래로 내려온다. 이같은 공기의 흐름을 통해 자연적으로 열이 이동하며 전달된다. 강제 대류는 펌프나 팬 같은 외부적인 힘에 의해 움직이는 흐름을 따라 열이 전달되는 것으로 자연 대류보다 빠르고 효율적인 열전달 방법이다. 드럼 로스터기는 대부분 약 80%의 열전달이 강제 대류를 통해 이루어지고 에어 로스터기의 경우에는 그 비율이 더 높다. 에어 로스터기는 정압(불어넣기)을 통해 로스팅 챔버로 공기를 주입하며, 드럼 로스터기는 부압(빨아들이기)을 이용하여 공기를 주입한다. 어느 쪽이든 로스터기의 대류는 강제 대류로 드럼 로스터기 내의 대류 속도와 비율은 버너에서 공급되는 에너지와 공기의 흐름에 영향을 직접 받는다. 공기의 흐름과 에너지가 클수록 로스트가 빨리 진행된다.

강제 대류란 팬이나 블로어로 생성된 흐름에 따라 열이 운반되는 것이다. 공기 흐름의 변화, 버너의 에너지 출력 변화, 또는 이 둘의 결합을 이용하여 대류의 비율을 바꿀 수 있다. 대류는 실제로 읽을 수는 없지만 온도계로 드럼의 대기 온도를 읽거나 실시간 프로파일을 통하여 대류의 영향을 파악하고 조절할 수 있다. 대류 비중이 높으면 대부분의 연기와 채프가 커피에서 제거되므로 커피가 보다 균일하고 깨끗하게 로스팅된다.

복사

복사열은 전자파로 정의되는 열복사로, 다른 온도를 가진 물체 사이에서 자연 발생한다. 전도나 대류와는 달리 매개체가 필요하지 않으며 빛의 속도로 이동한다. 물질의 복사열 수용 및 방출 능력은 물질의 색, 온도, 밀도, 표면적, 마감, 다른 열 생산 물체와의 물리적 거리와 방향에 영향을 받는다. 커피 로스팅에서 복사열은 측정이나 통제가 가장 어렵다. 따라서 로스터는 복사열이 존재한다는 것만 인지하고 측정과 통제가 가능한 열에만 집중해야 한다. 적외선 버너를 사용하는 경우 드럼과 콩의 전도, 공기의 강제 대류에 일차적으로 관심을 기울여야 한다. 로스터기 내의 복사 속도와 비율은 알려지지 않고 있다.

로스터가 제어해야 하는 세 가지 열원은 드럼, 공기, 생두로 로스팅 초기에는 드럼에 저장된 에너지의 양이 가장 중요하며, 잠재적으로 생두에 가장 큰 영향을 준다. 로스팅 전반에 걸쳐 공기 또는 대류가 가장 지배적인 열전달 형태지만, 공기가 로스팅에서 바디와 플레이버 형성을 이끄는 중요한 요인이기도 하다. 로스팅 후반부로 진행되면 생두 자체가 중요한 에너지원이 되며, 일부 로스팅이나 로스터기에서는 실제로 열을 전달하는 주요 수단이 될 수 있다. 다시 정리하면 로스팅 초기에는 드럼→공기→생두, 로스팅 중반에는 공기→드럼→생두, 로스팅 후반에는 생두→드럼→공기의 순으로 에너지 흐름이 변한다.

 총 에너지

총 에너지에 관해 꼭 기억해야 할 세 가지는 다음과 같다.

• 커피 로스팅은 과정 내내 변화를 거듭하는 역동적인 과정이다.
• 엄청나게 많은 에너지가 프로세스 초반보다 후반에 존재한다.
• 다른 것과 독립되어 이루어지는 열전달 방식은 없다.

로스터기의 구조와 유지관리 기초

로스팅을 처음 접하는 사람은 로스터의 구조와 기능에 대해 완벽히 이해하고 사용해야 한다. 여기에 더해 유지관리 방법까지 알아둔다면 화재 등의 응급 상황에 잘 대처할 수 있다. 로스터기를 잘 정비하면 일정한 로스팅 프로파일을 유지할 수 있고, 커피의 품질을 보장할 수 있다. 로스터기를 너무 오래 작동시키면 화재의 위험이 있고, 이로 인해 건물 내의 모든 사람과 시설이 위협받는 상황에 처할 수도 있다. 모든 일이 그렇듯 예방이 최선의 해결책이 된다.

여기에 소개되는 로스터는 필자가 사용하는 반열풍식 로스터로 OZTUKBAY사에서 제작한 5kg 전용 로스터다.

☕ 로스터기의 방식에 따른 차이

직화식 로스터(Convection Roaster)

〈직화식 커피 로스터 축소형 샘플 (출처: 에코커피)〉

직화식은 원통형에 구멍이 뚫린 형태의 드럼 로스터기로 버너의 불길이 드럼과 드럼을 통과하는 모든 공기를 데워 전도와 복사열의 비중이 높다. 구멍을 통해 불꽃이 직접 커피 생두에 닿는 구조이지만, 드럼의 수평 회전 덕분에 생두가 직접 불에 닿지는 않는다. 직화식은 고전적인 방식의 드럼 로스터로 즉각적인 열량 조절을 통해 개성 있는 거친 맛의 표현이 가능하다. 반열풍이나 열풍식 로스터에 비해 외부 변수가 많기 때문에 균일한 로스팅은 어렵다. 드럼이 과열되면 생두 겉면이 타거나 속이 제대로 익지 않는 등의 문제가 발생할 수 있다.

이중 드럼

현대적인 방식의 로스터기는 철판을 두 겹으로 붙여 만든 이중 드럼을 많이 사용한다. 이중 드럼은 열전도를 줄여 커피콩이 부분적으로 타거나 그슬리는 현상을 줄여준다. 양은 냄비에 밥을 하는 것과 3중 캡슐 구조의 스테인리스 압력솥에 밥을 하는 차이라고 생각하면 된다. 따라서 로스터기를 선택할 때 싱글 드럼인지 이중 드럼인지 확인하는 것이 좋다.

반열풍식 로스터(Semi-Rotating Fluidized Bed Roaster)

〈반열풍식 드럼〉

현재 가장 많이 쓰이는 형태로 드럼의 몸통을 막은 다음 후면부를 타공해 이곳을 통해 열기가 드럼 내부로 전달되는 방식이다. 직화식 로스터와 비슷한 유형이지만 드럼 내부로 직접 열이 전달되지 않기 때문에 전도, 복사, 대류 세 가지 열을 모두 이용하는 형태이다. 직화식에 비해 효율적으로 커피콩 내/외부를 골고루 익힐 수 있기 때문에 균일한 로스팅이 가능하다.

열풍식 로스터(Rotating Fluidized Roaster)

〈국내 브랜드인 에쏘 열풍식 로스터기 (출처: 에쏘커피)〉

열풍식은 버너로 가열한 고온의 공기를 드럼 안에 강제적으로 보내는 방식이다. 반열풍식을 채택하고 있는 일반적인 로스터기도 100kg 이상으로 대형화되면 열풍식 형태로 만들어야 효율성이 높아진다. 대류열을 이용하는 열풍식 로스터기는 뜨거워진 공기가 커피 생두를 완전히 감싸기 때문에 열전달이 빠르고 균일한 로스팅이 가능하다. 생두의 겉과 속을 고루 익히기 가장 좋은 방식이고, 빠른 공기 순환을 통해 채프, 연기 등과 같은 각종 이물질이 빠르게 외부로 배출되기 때문에 깔끔한 맛 표현이 가능하다. 하지만 일정 온도 이상이 되면 의도치 않게 로스팅이 빨리 진행되어 로스팅 포인트를 맞추기 어렵고, 공기흐름이 과다해 향미 손실이 있고 연료 효율성이 낮은 단점도 있다.

재순환 로스터(Recirculation Roaster)

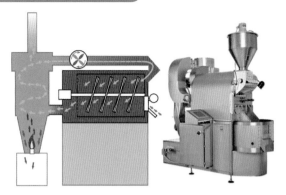

〈재순환 로스터의 구조와 실제 재순환 로스터기 (출처: 카페뮤제오)〉

기본적인 대류열의 방향이 일반적인 로스터와는 반대의 구조로 역회전하는 배기 팬이 싸이클론 내부 버너에서 발생한 대류열을 드럼 안으로 유입시켜 로스팅 하는 방식이다. 버너의 위치역시 드럼 하부가 아닌 싸이클론 하단 부분에 위치해 있어 비중의 차이에 따라 채프와 같은 이물질은 버너 아래로 모이고, 가벼운 연기는 배출되는 시스템이다. 즉 버너 자체가 애프터 버너의 역할을 수행한다. 재순환 로스터의 가장 큰 장점은 열효율이다. 거꾸로 두 번 타는 보일러와같은 방식으로 한번 만들어진 열풍을 계속해서 로스터 내부로 재순환 시키기 때문에 연료 비용이 상당히 절감된다. 지속적인 재순환을 통해 산소 유입을 차단시켜 무산소로 로스팅이 가능하며 외부에서 유입되는 찬 공기가 없기 때문에 즉각적인 열 조절이 가능하다. 일부 재순환 구조의 로스터는 제연이 제대로 되지 않아 연기가 드럼 내부로 다시 들어가게 되어 커피에서 매캐한 냄새가 나거나 재(Ash) 냄새가 나기도 한다.

☕ 로스터기의 드럼 구조에 따른 차이

싱글 드럼

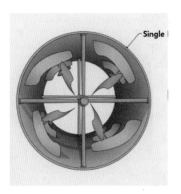

〈싱글 드럼의 구조 (출처: 스캇라오, 커피 로스팅 42p, 카페리브레)〉

싱글 드럼은 불꽃이 직접 드럼에 닿는 구조로 전도열이 바로 드럼 내부의 커피 생두에 전해져 열전달이 빠르다. 단열 역할을 하는 중간체가 없기 때문에 티핑(Tipping), 스코칭(Scorching) 등 커피콩의 표면이 타게 되는 현상(Bean Surface Burning)이 자주 나타난다.

이중 드럼

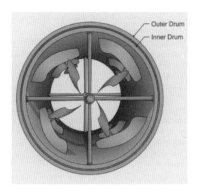

〈이중 드럼의 구조 (출처: 스캇라오, 커피 로스팅 42p, 커피리브레)〉

이중 드럼은 드럼이 단열제 역할을 해주기 때문에 대류열의 비중이 높다. 드럼 자체의 열 보존성 또한 높아져 열 공급이 안정적이다. 싱글 드럼에 비해 예열 시간이 오래 걸리지만 열 보존을 통한 균일한 로스팅이 가능하다.

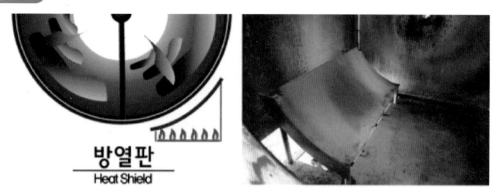

〈방열판 구조와 실제 모습 (출처: 카페뮤제오)〉

드럼에 직접 불이 닿지 않게 히터 상판에 방열판(Heat Shield)을 설치하면 불이 방열판을 달구고 이로 인해 발생된 대류열이 드럼 뒤쪽을 통해 로스터기 드럼 내부로 들어가는 방식이다. 이중으로 드럼을 만들면 비용이 많이 들어가기 때문에 비용을 낮추기 위해 방열판을 설치한 것이다. 방열판이 히터와 가까이 있다 보니 쉽게 과열되어 500도 이상의 열이 발생하기도 한다. 과열되었을 경우 버너를 꺼도 방열판에서 상당량의 열을 방출하기 때문에 로스터가 로스팅을 제어하기 힘들다.

로스터기의 구조와 기능

드럼 확인 창 램프(Lamp)
온도 센서 (Temp Sensor)
드럼 확인 창 (Drum Sight Glass)
배출구 무게추 (Weight)
드럼 배출구 (Drum Outlet)
냉각기 청소문 (Cleaning Door)
냉각기 원두 배출구 (Bean Outlet)

호퍼(Hopper)
호퍼 개폐 레버 (Hopper Open/Close Lever)
확인봉(Sampler)
냉각 교반기 (Mixer)
냉각기(Cooler)
주 전원 (Main Power)

〈로스터기 전면부〉

호퍼(Hopper)

계량된 생두를 담는 통이다. 로스터기의 용량에 따라 호퍼의 크기도 달라진다.

호퍼 개폐 레버(Hopper Open/Close Lever)

호퍼에 담긴 생두를 드럼으로 투입할 때 사용하는 레버다. 생두 투입 시에만 열어서 사용하고 그 외에는 닫아 놓아야 한다.

확인봉(Sampler)

드럼 안에 있는 커피의 색상과 향기 체크를 위해 사용한다. 많이 여닫을 경우 드럼 내부의 온도에 영향을 미치기 때문에 자주 사용하지 않는 게 좋다.

냉각 교반기(Mixer)

배출된 원두가 잘 식도록 섞어주는 역할을 한다. 냉각 교반기가 설치되지 않은 소규모 로스터기의 경우 나무 주걱 등으로 저어주며 식혀야 여열로 인한 과 로스팅을 방지할 수 있다.

냉각기(Cooler)

드럼에서 배출된 원두를 상온의 찬 공기로 식혀주는 역할을 한다. 보통 로스터기의 용량보다 약간 크게 만들어져 충분한 공간에서 쿨링 작업이 이루어지도록 한다.

주 전원(Main Power)

로스터기 전체에 전원을 공급하는 스위치다. 주 전원 스위치를 먼저 켜고 파트별 전원 스위치를 켜야 로스터기가 동작한다.

드럼 확인 창 램프(Lamp)

드럼 내부를 들여다볼 때 이 램프를 켜고 보면 잘 보인다. 콩이 얼마나 익었는지 색상을 확인하거나 드럼 내부의 상태를 점검할 때 사용한다.

온도 센서(Temperature Sensor)

드럼 내부, 배기구에 설치되어 실시간 온도를 표시해준다. 이 센서의 온도를 참고하여 로스팅 프로파일을 작성한다.

드럼 확인 창(Drum Sight Glass)

드럼 내부를 들여다볼 수 있도록 강화 유리로 되어있다. 이 창을 통해 커피의 색상과 발현 정도를 체크한다.

배출구 무게추(Weight)

로스팅 중에 배출구의 문이 열리지 않도록 지탱해 주는 역할을 한다. 무게추가 너무 가벼우면 드럼 안에서 회전하는 커피콩에 밀려 열리므로 제작사에서 최대 용량 이상을 버티도록 설계한다.

드럼 배출구(Drum Outlet)

로스팅이 끝난 원두가 쏟아져 나오는 출구다. 로스터기의 용량이 클수록 배출구의 크기도 커진다.

냉각기 청소문(Cleaning Door)

로스터기의 냉각기 팬 모터는 대부분 흡입형으로 채프와 같은 작은 먼지들은 냉각기 아래로 떨어진다. 냉각기 청소를 위해 설치한 문이다.

냉각기 원두 배출구(Bean outlet)

냉각된 원두가 배출되는 출구다.

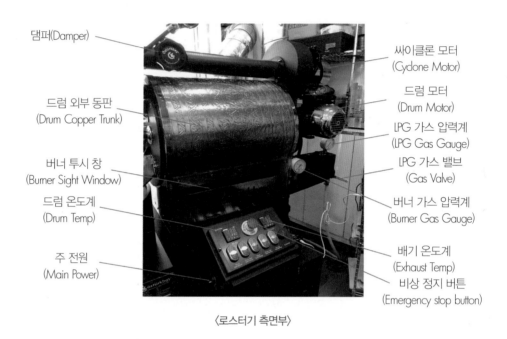

댐퍼(Damper)
싸이클론 모터 (Cyclone Motor)
드럼 모터 (Drum Motor)
드럼 외부 동판 (Drum Copper Trunk)
LPG 가스 압력계 (LPG Gas Gauge)
버너 투시 창 (Burner Sight Window)
LPG 가스 밸브 (Gas Valve)
드럼 온도계 (Drum Temp)
버너 가스 압력계 (Burner Gas Gauge)
주 전원 (Main Power)
배기 온도계 (Exhaust Temp)
비상 정지 버튼 (Emergency stop button)

〈로스터기 측면부〉

싸이클론 모터(Cyclone Motor)

드럼 내외부의 대류를 조절하고, 실버스킨, 채프, 연기, 먼지 등을 강력하게 흡입해 연통과 싸이클론으로 배출해주는 역할을 한다. 모터 안쪽에 팬이 달려있어 정기적으로 분해해 청소해야 한다.

드럼 모터(Drum Motor)

드럼을 회전시켜 주는 역할을 한다. 로스터기의 드럼은 로스팅이 끝나고 완전히 식었을 때 멈추게 된다. 드럼과 최대 용량의 생두 무게를 견뎌야 하기 때문에 내구성이 강한 모터를 사용한다.

가스 압력계(Gas Gauge)

도시가스 혹은 LPG 가스의 압력을 숫자로 표시해주는 부품이다. 국내 가정용, 상가용 도시가스 압력은 2.5kpa 정도로 표시되는 압력도 2,000~2,500mmH2O를 넘지 않는다. LPG 가스를 쓰는 경우 튜닝을 하면 이 이상의 압력도 가능하다.

가스 밸브(Gas Valve)

가스를 공급하거나 차단하는 밸브로 사용 시 열고(Open), 사용 후에는 항상 잠그는 습관을 들여 가스 누출에 대비해야 한다.

버너 가스 압력계(Burner Gas Gauge)

로스터기 버너의 가스 압력을 표시해 주는 장치다. 압력계 수치를 보고 로스팅 화력을 체크한다.

배기 온도계(Exhaust Temp)

배기구 온도(드럼 상단 혹은 드럼과 싸이클론 사이의 온도)를 표시해준다. 열풍식과 반열풍식 로스터의 경우 이 배기 온도가 중요하지만, 직화식 로스터기는 중요하게 인식되지 않는다.

비상 정지 버튼(Emergency Stop Button)

로스팅 도중 화재와 같은 비상 사태가 발생했을 경우 이 버튼을 누르면 로스터기의 모든 기능이 멈춘다. 기계 장치에 큰 무리가 갈 수 있으므로 비상시 외에는 사용하진 않는다.

댐퍼(Damper)

댐퍼는 로스터기 내부의 공기 흐름을 조절하거나 연기나 먼지 등의 이물질 배출, 드럼 내부의 온도 조절에 사용되는 장치로 열풍식이나 반열풍식 로스터기는 보통 완전히 닫지 않은 상태로 사용한다.

〈댐퍼 내부의 모습(반 열림 상태)〉

드럼 외부(Drum Trunk)

내부 드럼을 감싸고 있는 부분을 말한다. 로스팅 중에는 높은 열을 발산하므로 직접 접촉으로 인한 화상을 입지 않도록 주의해야 한다.

버너 투시 창(Burner Sight Window)

버너의 불꽃과 화력을 관찰할 수 있도록 설치된 창을 말한다.

드럼 온도계(Drum Temp)

드럼 내부의 온도를 표시해 주는 장치다. 로스팅이 진행되는 동안 이 수치를 체크하면서 로스팅 프로파일을 만든다.

주 전원(Main Power)

로스터기 전체에 전원을 공급하거나 차단하는 장치다.

〈드럼을 지탱해 주고 드럼 모터의 원심력을 전달해 주는 베어링〉

로스터기 드럼을 지탱하고 있는 양 끝의 축에는 베어링이 부착되어 있으며, 베어링에 그리스를
바르거나 뿌려 부드럽게 작동되도록 한다. 그리스는 온도 등급이 높을수록 보호 능력이 우수하
고 온도 등급이 낮을 경우 베어링에서 그리스가 손실되므로 자주 발라 주어야 한다. 축에서 소
음이 나는 경우에는 베어링이 손상된 상태이므로 모든 작동을 중지시키고 베어링과 축을 모두
교체해야 한다.

연통(Stovepipe)

싸이클론
(Cyclone)

은피서랍
(Silver-Skin Drawer)

〈로스터기 후면부〉

연통(Stovepipe)

일명 덕트라 불리며 이 통로를 통해 연기와 미세 먼지가 배출된다. 기름때의 일종인 크레오소트(Creosote)가 많이 쌓이므로 정기적으로 분해 후 청소해야 한다.

싸이클론(Cyclone)

로스터기의 집진 역할을 하는 장치로 실버스킨과 같은 무거운 물질은 아래로 쌓이고 연기나 미세먼지 등 가벼운 물질은 연통으로 내보낸다. 특별한 장치가 있는 것은 아니며 내부는 회오리 구조로 되어있다.

은피서랍(Silver-Skin Drawer)

실버스킨을 제거하기 위해 설치한 서랍이다. 제조사마다 다른 형태로 되어있지만 문을 열면 잔뜩 쌓여 있는 커피 콩깍지를 발견할 수 있다.

배기 부품 청소

로스터기의 배기와 관련된 부품은 기름때나 미세먼지 등이 겹겹이 쌓여 제때 청소하지 않으면 화재로 이어지는 경우가 많기 때문에 다음 부품들은 꼭 주기적으로 청소하도록 하자.

드럼 모터의 팬은 드럼 모터에 고정되어 드럼 내부의 이물질 등을 연통이나 싸이클론으로 배출시켜주는 역할을 한다. 강력한 흡입 기능을 하기 때문에 로스팅 횟수가 많아지면 자연스럽게 왼쪽 사진처럼 크레오소트가 많이 쌓이게 된다. 드럼 모터의 성능, 팬의 재질, 특수 도료 코팅 등 장치의 영향으로 크레오소트가 쌓이는 양이 다르지만 1~3개월에 꼭 한번은 분해해 청소를 해야 한다.

〈팬을 분리한 모습, 기름때의 일종인 크레오소트가 많이 쌓여있다.〉

드럼 모터 팬을 통해 강력하게 흡입된 연기, 미세 먼지, 실버스킨 등은 싸이클론에서 걸러지는데 가벼운 연기나 미세 먼지는 연통으로 배출되고 상대적으로 무거운 실버스킨은 싸이클론 아래쪽에 차곡차곡 쌓이게 된다. 싸이클론 내부에 특별한 부품이나 장치가 있는 것은 아니고 오른쪽 사진처럼 직선이나 나선형의 관이 들어있을 뿐이다. 로스터기를 오래 사용하면 싸이클론 몸통 내부에 기름때가 많이 쌓이므로 고무망치로 몸통을 쳐서 안쪽에 붙은 이물질을 털어내고 배출구로 긁어낸다.

〈드럼 모터와 팬〉

로스터기 용량이 1~3kg 정도로 비교적 작은 기계는 대부분 플라스틱이나 알루미늄 재질로 만든 주름관을 연통으로 사용한다. 이런 재질은 3~6개월 단위로 연통을 새것으로 교체해주기 때문에 연통을 별도로 청소할 필요가 없다. 용량이 큰 로스터기의 경우 함석이나 스테인리스를 연통으로 사용하기 때문에 3~6개월에 한 번은 꼭 연통을 분해하여 청소해야 한다. 연통이 길수록 이물질은 많이 쌓이기 때문에 반드시 주기적으로 연통을 청소하는 것이 좋다.

〈싸이클론 위에서 본 모습〉

로스터기는 고열로 커피콩을 볶아내는 장비로 항상 화재의 위험이 있다. 로스터기에서 화재가 발생한다면 드럼 내부, 배기관 내부, 사이클론 내부, 연통 내부 등에서 화재가 발생할 확률이 높기 때문에 불꽃이 보이는 외부 화재보다 진압이 어렵다. 드럼 내부에서 화재가 발생했을 경우 댐퍼를 닫아 산소 유입을 최대한 차단하고 소화기로 진압하는 것이 좋다. 배기관이나 연통에서 화재가 발생했을 경우에는 로스터기를 비상 정지시키고 물을 뿌려 내부의 온도를 낮춰야 한다. 물을 뿌릴 때 전기 장치로 물이 스며들지 않게 조심해야 한다. 화재 예방을 위해서는 꼭 배기관, 드럼 모터 팬, 싸이클론, 연통 등 배기와 관련된 부품들을 잘 청소해 주어야 한다.

사진은 필자가 2kg 용량의 작은 로스터기를 사용하던 시절, 로스팅을 배우던 학생이 예열하느라 버너를 켜 놓고 다른 일을 하다가 기계 전체가 과열되어 배기관과 싸이클론 내부에 화재가 발생했던 경우다. 내부 화재로 발산된 열이 싸이클론 외부 도장까지 태워 어찌할 수 없는 아찔한 상황이 연출되었다. 내부의 기름때가 숯이 타듯이 불씨 형태로 계속 탔기 때문에 기계 외부에 물을 뿌려 온도를 낮춰 불을 껐다. 유사시에는 소화기로 진압해야 할 경우도 있으므로 로스터기 옆에는 항상 소화기를 비치해 두어야 한다. 소화기 중에는 분말 없이 질소나 이산화탄소를 이용해 화재를 진압할 수 있는 소화기도 있으므로 잘 활용하기 바란다.

〈싸이클론 내부에 화재가 발생해 외부 페인트가 탄 모습〉

채프 콜렉터/콜렉션 드로우(Collection Drawer)

〈드럼과 고정판 사이의 틈으로 떨어지는 채프를 모아주는 콜렉션 드로우〉

드럼과 전면 판넬 사이의 틈으로 빠져 나오는 채프를 받는 통을 말한다. 로스팅이 끝나면 자주 비워줘야 화재가 발생하지 않는다.

버너(Burner)

〈로스터기의 버너〉

로스터기에 화력을 공급해 주는 장치로 로스터기의 용량에 따라 버너 크기나 개수가 다르다. 버너는 개인적으로 만들거나 함부로 개조해서는 안되며 승인 받은 공업용 버너를 사용해야 한다.

 버너의 열량

국내에서 사용하는 로스터기는 대부분은 열량 단위를 '칼로리(kcal)'로 사용하며 로스터기의 용량에 따라 버너 열량이 3,000~10,000kcal까지 다양하다. 집에서 사용하는 일반적인 가스레인지의 큰 화구 화력이 최대 3,600kcal 정도로, 시간당 3,600칼로리를 소모한다. 가정용 로스터기에는 가스레인지 정도의 버너 용량을 사용하지만 업소용 로스터기에는 별도의 승인을 받은 공업용 버너를 사용한다. 버너는 용량이 클수록 화력이 세다고 볼 수 있지만, 드럼이 큰 경우에는 작은 용량의 버너를 병렬로 배치하면 더 높은 열량을 낼 수 있다. 로스터기를 선택할 때 버너의 용량과 함께 구조도 함께 잘 체크하길 바란다.

씨앗 불꽃(Seed Fire)

〈로스터기의 씨앗 불꽃〉

버너에 불을 붙여주는 역할을 한다. 작은 로스터기의 경우 불꽃을 튀겨주는 스타터로 점화하는 경우도 있다.

로스팅의 열전달 과학

로스팅은 열전달을 통해 생두 화합물의 화학 반응을 조절해가는 과정이다. 커피 생두는 열을 사용하는 로스팅을 하지 않으면 절대 풍부한 향미를 이끌어 낼 수 없다. 열전달 역학, 열 적용 방법, 열의 양 등 열전달 과학을 공부하고 적절히 활용할 수 있어야 좋은 로스팅 결과물을 얻어 낼 수 있다. 이번에는 로스팅 과정에서 열전달 속도를 제어하는 열전달 메커니즘에 대해 알아 본다.

☕ 불과 공기

전기를 열원으로 사용하는 로스터기를 제외하면 대부분의 로스터기는 천연가스(LNG)나 프로판가스(LPG) 같은 탄화수소가스를 연료로 사용한다. 탄화수소가스가 연소될 때 공기가 관여하는 상황을 정리하면 다음과 같다.

〈LPG를 열원으로 사용하는 로스터기〉

공기가 부족한 상태에서 연소될 때

완전 연소가 되지 않으면서 일산화탄소(CO)가 생성된다. 일산화탄소는 열량도 많지만 폭발의 위험성이 있다.

공기가 많은 상태에서 연소될 때

완전 연소는 가능하지만 연소 후 남은 산소가 질소와 결합하면서 대기 오염 물질인 질소산화물(NOX)을 발생시킨다.

공기가 적절해 완전 연소될 때

가스 내의 모든 탄소가 이산화탄소($CO2$)로 바뀌며 모든 수소가 수증기($H2O$)로 바뀐다.

세 가지 상황 중 로스팅에서 가장 문제가 되는 것은 공기가 과잉으로 공급되는 경우로 공기가 약 10%만 많아도 LPG를 열원으로 사용하는 경우 약 1,700도, 20%가 많을 경우 1,500도 정도로 엄청난 열이 발생한다. 이 정도의 열은 로스팅에 사용하기 어렵다.

☕ 열은 높은 곳에서 낮은 곳으로

열은 높은 온도에서 낮은 온도로 이동한다. 로스터기를 예열하고 생두를 투입하면 차가운 생두가 드럼 내부의 열을 빼앗아 가기 때문에 한동안 온도가 떨어진다. 열원의 연소에 의해 만들어진 열은 드럼 외부→드럼 내부→드럼 내의 생두 순으로 전달된다. 접촉에 의한 열전달 외에도 생두는 로스팅이 진행되는 동안 대류와 복사에 의해 열을 전달받는다. 원두가 받는 열의 총량은 이 모든 것을 합한 것이다.

드럼 내부로 들어간 생두는 표면에서부터 생두의 핵(Core)으로 열이 전달된다. 쉽게 말해 겉에서 속으로 열이 전달되는데, 열전달 속도를 잘못 조절할 경우 겉은 타고 속은 안 익은 맛과 향의 균형이 깨진 커피를 만들어낸다. 이렇게 발생되는 생두 내부의 온도 차이는 크기가 작은 생두보다 큰 생두가 크며, 이 온도 차는 시간에 따른 생두 온도의 상승률에 비례한다.

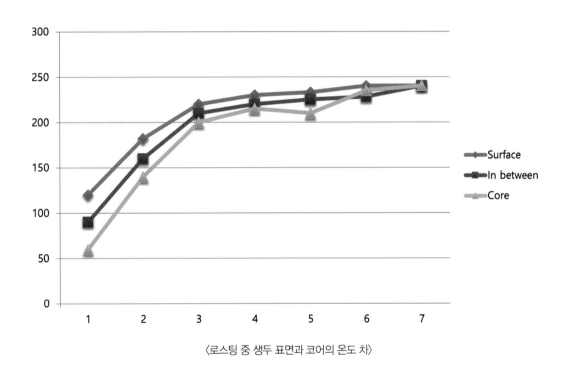

〈로스팅 중 생두 표면과 코어의 온도 차〉

그래프에서 보여지는 것처럼 로스팅 초기에는 생두 표면과 핵의 온도 차가 크다. 로스팅 중반 이후 서서히 격차가 줄어들다 로스팅 종료 시점에서는 거의 비슷해진다. 시간이 지남에 따라 생두 내부에서 열전달 속도가 빨라지기 때문이다. 로스팅 중반에 생두 내부의 온도 차는 생두 수분 증발의 영향을 받으며, 그 이후에는 발열 반응으로 생성되는 열의 영향을 받는다.

☕ 열전달에서의 수분의 역할

생두가 드럼에 투입되면 드럼 안의 열이 생두의 표면으로 전달되고 점차 커피콩 안으로 스며든다. 커피 생두는 셀룰로스 구조이며 굉장히 딱딱한 구조로 되어있어 수분을 잡아두는 역할을 한다. 커피콩 내부의 온도가 올라갈수록 수분의 온도도 올라가고 커피콩 내부의 압력이 증가하면서 점차 부풀게 된다. 로스팅이 진행되는 동안 커피콩 내부에 발생하는 압력은 최소 5.4기압에서 최대 25기압 정도로 압력이 증가하면 셀룰로스 구조가 파괴되고, 수분은 수증기가 되면서 크랙이 생긴다. 이 크랙이 로스터들이 흔히 '1팝'이라 부르는 1차 크랙이다. 크랙이 진행되면서 수증기와 이산화탄소가 빠져나가고 커피콩 내부의 압력은 낮아지고 온도는 급상승한다.

로스터기 주변의 상대 습도와 커피 생두 내부의 수분은 로스팅 중 열전달에 큰 영향을 미친다. 상대 습도는 로스팅 초기 열전달을 방해하는 역할을 하지만 중반 이후부터는 열효율을 높이는 역할을 한다. 생두 내부에 수분함량이 높으면 로스팅 초기에는 수분이 방어막 역할을 해 더 많은 열을 필요로 한다. 하지만 물이 끓는점에 가까워지면 수분은 열전달자의 역할을 하게 된다. 이 시기가 1차 크랙 전후인데 이때 커피콩 내부로 빠르게 열이 전달되면서 압력이 높아지고 이 압력을 견디다 못한 커피콩 조직이 벌어지면서 크랙이 생기는 것이다. 크랙이 일어나면서 콩 내부에 있던 수분이 상당량 방출되면서 커피콩 내부의 온도가 표면의 온도와 비슷해진다. 수분 함량이 많은 생두는 로스팅 초기에 온도가 천천히 올라가므로 더 강한 열을 주어야 한다.

☕ 드럼에서 생두로 열전달

예열을 마친 로스터기에 생두를 투입하면 드럼벽과 회전 날개에 축열된 열량이 생두로 전달된다. 드럼벽의 열은 전도와 복사에 의해 생두에 전달되는데 드럼이 단일벽으로 되어 있는 경우 벽에서 생두로 전달되는 열이 균일하지 않아 국소 과열의 원인이 된다. 이런 현상을 해결하기 위해 이중 드럼을 설치한 로스터기가 많다. 이중 드럼 로스터기는 외벽과 내벽 사이에 공기층이 있어 벽과 생두 사이의 총열전달량을 감소시킨다. 열전달량이 감소한다는 것은 그만큼 이중 드럼이 많은 열을 저장하고 있어 일정하게 열을 전달할 수 있다는 의미다. 단일 드럼의 경우에는 적은 열을 저장하다 생두에 많은 열을 뺏기기 때문에 균일하지 않은 열이 전달되는 것이다. 이중 드럼을 가진 로스터기의 경우 작은 로스터기가 대형 로스터기보다 드럼벽을 통해 생두에 열을 전달하는 비율이 훨씬 높기 때문에 좋은 결과물을 만들어 낼 수 있다. 이중 드럼 로스터기는 큰 열에 대한 관성을 가지며 주변 환경에 영향을 덜 받기 때문에 일정한 결과물을 얻을 수 있는 장점도 있다.

☕ 생두 내부의 열전달

셀룰로스 구조의 단단한 생두가 열을 받으면 다공성 원두로 바뀌며 다공성 원두 안에는 가스가 차 있다. 생두 내의 열전달은 전도가 많다. 생두가 워낙 작기 때문에 생두 내부의 열전도율은 직접 측정하기 어려워 생두와 같은 구조를 지닌 나무의 열전도율과 같을 것이라고 추측할 뿐이다. 나무의 열전도율은 밀도와 수분 함량이 감소하면 낮아지는 경향이 있어 커피 생두의 경우에도 밀도와 수분 함량이 낮으면 열전도율이 낮을 것이라고 유추할 수 있다. 생두의 밀도와 수분 함량은 로스팅이 진행되는 동안 감소하는 경향을 보인다.

 더미의 온도

로스터기의 온도계에 표시되는 온도는 '더미(Pile)'의 온도를 측정하여 사용한다. 온도 센서가 드럼 내부의 온도를 측정하기 때문에 더미는 커피콩 사이의 공간을 채우고 있는 공간의 온도이자 커피콩 표면의 온도이다. 따라서 로스터기의 컨트롤 패널에 '드럼 온도' 또는 '로스팅 온도'로 표시되는 숫자는 커피콩 내부의 온도를 정확히 반영하고 있는 것은 아니다.

☕ 로스팅 화학

로스팅하는 동안 생두는 다양한 화학 반응을 거쳐 매혹적인 향을 방출하는 갈색 원두로 변한다. 약 150도 부근에서 발생하는 마이야르 반응은 풋풋하고 맛없는 생두를 여러 가지 아로마 화합물을 가진 품위 있는 원두로 만들어주며 이 단계를 지나면 캐러멜화 반응이 일어나고 1,000여 가지의 향미를 지닌 커피로 만들어 준다. 이처럼 커피 로스팅 중에 일어나는 화학 반응은 커피의 색상, 향미, 몸에 좋은 화합물을 만드는데 폭넓게 기여한다. 더 좋은 맛과 향을 지닌 커피를 만들고 싶다면 커피콩 내부에서 일어나는 화학 반응에 대해 정확히 알고 있어야 한다.

생두와 원두의 성분 변화

생두의 성분

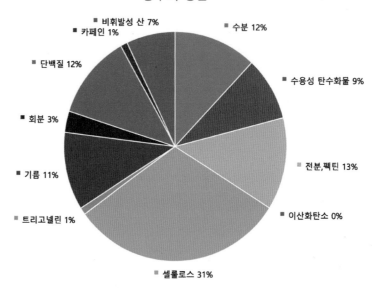

〈생두의 주요 성분표 (출처: 스캇라오 커피 로스팅 32p)〉

원두의 성분

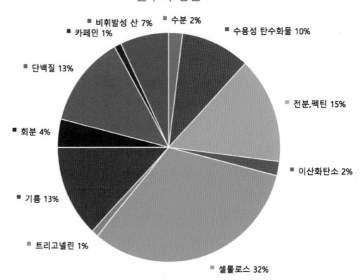

〈원두의 주요 성분표 (출처: 스캇라오 커피 로스팅 32p)〉

생두를 로스팅하면 원두가 된다. 이 과정에서 가장 많은 손실이 발생하는 성분이 수분이다. 수분 감소로 인해 그 외 성분은 대략 1~2% 정도 무게 비가 높아진다. 이산화탄소는 생두에는 전혀 존재하지 않지만 로스팅이 진행되면서 생성되고 커피 원두 무게의 2% 정도를 차지한다. 원두의 성분 중 대략 30%는 수용성 물질로 추출을 통해 18~22%(골든컵 기준) 정도가 빠져나온다.

☕ 마이야르 반응(Maillard Reaction)

1912년 루이 카미유 마이야르(Louis Camille Maillard)라는 의사가 발견한 마이야르 반응은 1953년 존 호지(John E.Hodge)가 메커니즘을 분석하면서 세상에 알려지게 되었다. 마이야르 반응은 커피뿐만 아니라 빵이나 고기 등 식품을 굽거나 튀길 때에도 발생하는 화학 반응이다. 마이야르 반응은 환원당과 아미노산이 만나 일으키는 연쇄적이고 병렬적인 화학 반응으로, 갈색 착색 물질인 멜라노이딘과 기분 좋은 향이 만들어진다.

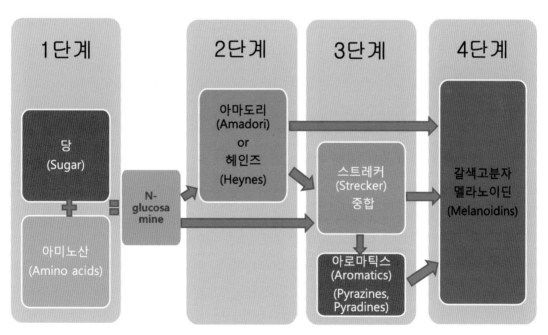

〈마이야르 반응 단계〉

글리코실아민(Glycosylamine, N-glucosamine)의 생성

두 가지 물질이 결합하면서 물을 생성하는 화학 반응을 탈수 축합 반응이라고 한다. 마이야르 반응은 환원당과 아미노산이 결합하는 탈수 축합 반응을 통해 글리코실아민을 만든다.

아마도리 전위(Amadori Rearrangement) 또는 헤인즈(Heynes) 전위

글리코실아민은 아마도리 전위를 통해서 이성체질화된다. 이성체질화란 분자식이 같더라도 화학적/물리적 성질이 다른 화합물을 말한다. 단당류는 케토스(Ketos)와 알도스(Aldose)로 나뉘는데, 알도스인 경우에는 아마도리 전위, 케토스인 경우에는 헤인즈 전위라고 부른다.

스트레커 중합(Strecker Degradation)

알파아미노산이 디케톤과 반응하여 이산화탄소와 암모니아를 방출시키는 분해 반응을 스트레커 중합이라고 한다. 이때 아미노산은 가수 분해 과정을 통해 산화제 작용을 하며, 이형고리화 과정을 거쳐 피리딘(Pyridines), 피라진(Pyrazines), 옥사졸(Oxazoles) 등의 헤테로고리 화합물들을 만든다. 이들은 특유의 향을 포함하는 방향족 화합물(Aromatics)들이다. 이때 어떤 아미노산이 작용하느냐에 따라 생성되는 방향족 화합물의 종류가 달라진다.

멜라노이딘(Melanoidins)

마이야르 반응을 통해 만들어진 고분자 물질들을 멜라노이딘이라 부른다. 멜라노이딘은 클로로겐산과 더불어 커피의 항산화 효능을 향상시키는 물질이다. 고분자 멜라노이딘보다는 저분자 멜라노이딘이 더 큰 항산화 작용을 한다.

마이야르 반응에 영향을 주는 요소들

간단히 언급했지만 마이야르 반응은 연쇄적, 병렬적으로 일어나기 때문에 통제하기가 매우 어려운 반응이다. 마이야르 반응에 영향을 주는 요소는 온도, 수분활성도, pH, 반응물 등이 있으며, 온도가 높을수록 빠르게 일어난다. 온도가 낮다고 해서 반응이 일어나지 않는 것은 아니고 속도가 느려진다. 반응은 주장하는 사람에 따라 적정 온도가 다르지만, 150℃~165℃ 사이에 일어나며 캐러멜화 반응 전에 일어나고 캐러멜화 반응이 시작되면 마이야르 반응은 급격히 감소한다.

수분활성도는 물이나 수분의 가용성을 물리학적 용어인 수분활성도(Water Activity, aw)로 표시한 것이다. aw의 값은 0에서 1 사이로 표시되는데, 대표적인 값을 예로 들면 순수한 물은 aw 1.000, 인체의 혈액 aw 0.995, 곡류/콩류 aw 0.640이다. 커피도 콩류에 해당되기 때문에 수분활성도를 0.6 정도로 보고 있다. 커피콩에서 수분활성도는 '커피콩에 포함된 물의 강도'라 말할 수 있으며 보통 식품의 부패 속도를 결정한다. 곡류나 콩류의 수분활성도를 0.6 정도로 맞추는 이유는 미생물이 생장할 수 없기 때문에 부패를 방지할 수 있다. 커피 생산지에서 생두의 수분 함량을 12% 내외로 맞추어 가공하는 이유도 12% 이상일 경우 생두의 변질로 인한 향미 저하 현상이 나타나고 수분활성도가 높으면 생두가 열을 받아들이는 시간이 길어져 마이야르 반응에 이르는 시간이 길어진다.

pH는 물의 산성이나 알칼리성의 정도를 나타내는 수치로, 수소 이온 농도의 지수다. 중성의 pH는 7이고, 7 미만은 산성, 7 이상은 알칼리성이다. 로스팅에서 마이야르 반응은 알칼리성으로 갈수록 속도가 빨라진다.

마이야르 반응은 환원당과 아미노산의 반응이다. 어떤 환원당과 아미노산이 결합하느냐에 따라 2단계, 3단계 산물부터 최종 산물까지 달라질 수 있고 반응물의 종류에 따라 마이야르 반응의 속도가 달라지며, 향미의 종류도 달라진다. 다만 한 가지 아쉬운 것은 생두 안의 환원당과 아미노산의 종류를 분석할 수 있다면 특정 향미를 살린 원두를 만들 수도 있겠지만, 마이크로의 세계에서나 가능한 일이니 현실적으로는 불가능한 일이다.

☕ 캐러멜화 반응(Caramelization Reaction)

마이야르 반응이 당류와 아미노산 사이의 화학 반응이라면, 캐러멜화 반응은 마이야르 반응처럼 비효소적 갈변 반응이지만 당류의 단독적인 화학 반응이다. 캐러멜화 반응의 결과로 갈색 착색 물질이 생성되는데, 사과를 쪼개 놓으면 갈색으로 변하는 것이 대표적인 캐러멜화 현상이다. 캐러멜화 반응 구간에서 생성되는 휘발성/방향족 화합물들 역시 독특한 향을 만들어 낸다. 캐러멜화 반응은 크게 3단계로 나눠 볼 수 있다.

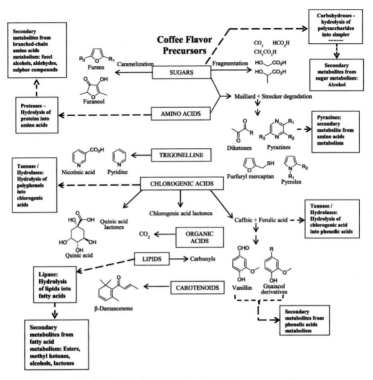

〈커피의 방향족 화합물 생성 도표 (출처: sciencedirect)〉

당의 가수 분해

커피 생두의 당은 과당과 포도당이 합쳐진 이당류이다. 생두 안의 당은 수분과 함께 존재하기 때문에 이를 가열하면 과당과 포도당으로 분해되는 것이다. 이렇게 가수 분해된 당 성분은 로스팅이 진행되면서 다시 붙는 과정을 거친다.

탈수축합과 이성체질화

로스팅이 진행되면 수분이 빠져나가면서 당류가 서로 엉겨 붙는데 이를 탈수축합이라 부른다. 이때 발생되는 탈수축합은 연쇄적으로 일어나며, 새로운 생성물들을 만든다. 이 생성물들이 재배열하여 특성을 바꾸는 것을 이성체질화라고 한다.

중합체 방향족 화합물의 생성

탈수축합과 이성체질화를 통해 다양한 물질들이 생성된다. 이렇게 생성되는 물질이 어떤 것이 될 것인지는 알 수가 없다. 로스팅이 진행되는 동안 계속적인 탈수축합과 이성체질화를 통해 고분자 물질과 향을 내는 방향족 화합물들이 생성된다.

캐러멜화 반응으로 생성되는 물질들

캐러멜화 반응을 통해 생성되는 물질은 갈변 물질, 방향족 화합물, 산 등이다. 갈변 물질에는 수용성 물질이면서 쓴맛을 내는 캐러멜란(Caramelans), 캐러멜렌(Caramelens)과 물에 잘 녹지 않는 캐러멜린(Caramelins)이 있다. 방향족 화합물에는 버터 향이 나는 디아세틸(Dyacetyl), 달콤한 럼의 향이 나는 에스테르류(Esters), 락톤류(Lactones), 고소한 향이 나는 퓨란(Fruans), 구운 내를 풍기는 말톨(Maltol) 등이 있고 산의 종류에는 아세트산과 포름산이 있다.

당의 종류에 따른 캐러멜화 반응

여러 식품 연구에 의하면 과당(Fructose)은 110℃, 포도당(Glucose), 자당(Sucrose), 갈락토오스(Galactose)는 160℃에서, 포도당인 글루코스(Glucose)는 160℃, 맥아당(Maltose)은 180℃에서 반응이 가장 활발하게 일어나며 캐러멜화가 진행되는 것으로 알려져 있다. 하지만 이 온도보다 낮다고 해서 캐러멜화 반응이 일어나지 않는 것은 아니다. 일례로 자당이 160℃에서 캐러멜화가 진행된다고 하지만, 150℃에서도 이미 캐러멜화는 진행되고 있다.

마이야르 반응 VS 캐러멜화 반응

캐러멜화 반응과 마이야르 반응은 비효소적 갈변 반응이다. 하지만 마이야르 반응은 당류와 아미노산의 반응이고, 캐러멜화 반응은 당류의 단독 반응이다. 로스팅 진행 과정에서 보면 마이야르 반응은 캐러멜화 반응보다 더 낮은 온도에서 시작된다. 온도가 상승하면서 마이야르 반응속도도 빨라지지만, 고열이 마이야르 반응을 가속화 시키지는 않는다. 갑자기 많은 열을 가하면 마이야르 반응과 캐러멜화 반응이 동시에 일어나면서 당류의 소비가 급격히 많아진다. 당류가 부족해 마이야르 반응이 충분히 진행되지 못하면 마이야르 반응으로 생성되는 향미 성분 역시 부족하기 때문에 밸런스가 좋은 커피를 기대하긴 어렵다.

☕ 로스팅 화학과 수분의 관계

로스팅을 하는 사람은 생두의 함수율 즉 수분이 로스팅에 미치는 영향에 대해 많은 의문을 갖는다. 수분은 로스팅의 화학 반응에 어떤 영향을 미칠까? 앞서 간단히 설명했지만 생두의 수분은 로스팅 초기에는 보호막 역할을 하다 일정 온도 이상이 되면 온도 전달자의 역할을 한다. 로스팅 진행 중 먼저 일어나는 마이야르 반응의 경우 150℃ 이상에서 시작되는데, 물의 끓는점은 100℃이다. 로스팅 과정에서 생두 내부 압력이 증가하면서 물의 끓는점이 다소 높아지긴 하겠지만, 그렇다고 생두 수분의 끓는점이 150℃까지 올라가진 않는다. 따라서 수분은 생두의 화학 반응에 직접적인 영향을 미치지는 않는다. 대신 수분은 화학 반응이 일어나는 온도와 속도에 영향을 주고, 이 온도와 속도가 화학 반응의 양상을 다르게 하여 속도가 빠른 콩과 느린 콩에서 생성되는 물질의 종류가 달라진다.

마이야르 반응은 수분활성도가 0.6~0.7 수준일 때 가장 활발하게 진행된다. 생두의 수분활성도는 0.6 정도이며, 보통은 이보다 낮은 수준이다. 생두의 수분활성도가 낮을수록 효율적인 화학 반응을 기대하기 어렵기 때문에, 수분활성도가 좋은 생두를 구입하고 잘 보관하는 것이 좋은 맛과 향을 가진 커피의 시작점이다.

최근 연구에 의하면, 함수율이 높은 생두는 캐러멜화 반응이 더 활발하고, 함수율이 낮은 생두는 마이야르 반응이 상대적으로 많이 일어난다고 한다. 국내 마이크로 커피 연구의 대가인 '커피 분석 센터'의 주장에 따르면, 강한 열로 빠르게 로스팅해 2팝에 배출했더니 신맛, 단맛 성분을 모두 살리면서도 강렬한 맛을 가진 원두를 생산해 낼 수 있었다고 한다. 이 방법을 함수율이 좋은 커피에 적용하면 좋은 결과물을 얻을 수 있을 것으로 생각된다.

☕ 커피 로스팅 화학 반응의 결과에 대하여

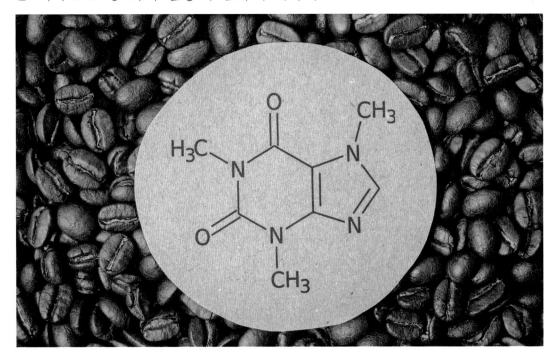

마이야르 반응이나 캐러멜화 반응과 같은 화학 반응이 길어지면 더 좋은 맛이 날까?

마이야르 반응이나 캐러멜 반응이 생두에 없는 새로운 향미를 만들어 내는 것은 맞지만, 이 두 반응 기간이 길게 지속된다고 해서 더 좋은 맛이 나는 것은 아니다. 캐러멜화 반응은 당분을 연료로 사용하기 때문에 오래 지속될수록 새로운 생성물로 인해 쓴맛이 더 강해진다. 고온의 환경에 오래 노출되면 방향족 화합물이 많이 상실되기 때문에 화학 반응을 짧게 로스팅하는 것이 다양한 맛과 향이 살아있어 관능 평가에서 더 좋은 점수를 받는 경우가 많다. 저온으로 장시간 로스팅했을 경우에는 향기 성분은 많이 잃지만 고분자 물질들이 많이 분해되면서 부드러운 느낌의 커피를 만들어 내는 장점은 있다. 마이야르 반응 속도를 빠르게 하면 대체로 산미가 좋고, 느리게 하면 부드러운 질감을 얻을 수 있다. 이는 마이야르 반응 속도가 커피 부케(Bouquet)에 영향을 미칠 수 있음을 의미한다. 수분은 화학 반응이 일어나는 순간 화학 반응의 양상을 바꾸어 일정부분 향미 생성에 영향을 미친다. 수분활성도가 낮은 생두는 마이야르 반응 속도가 느리기 때문에 조금 더 길게, 수분활성도가 높은 생두는 조금 더 짧게 로스팅하는 것이 좋다. 동일한 지역에서 생산된 생두를 수분활성도가 높은 콩과 낮은 콩으로 나누어 로스팅해보면 수분활성도가 높은 생두가 더 좋은 향미를 발현한다. 햅쌀과 묵은쌀의 밥맛 차이가 확연히 나는 이치와 같다. 수분활성도가 높은 커피는 화학 반응이 활발하게 일어나므로 색도 값이 다소 높게 나타나는 경향이 있다.

☕ 커피 성분 분석

커피 생두는 품종, 산지, 가공 방법 등 내/외부적인 환경에 따라 그 성분의 차이가 크다. 생산 국가별, 품종별 성분을 모두 비교해 보려면 경우의 수가 너무 많기 때문에 크게 아라비카와 로부스타의 생두 성분과 이 두 품종을 로스팅한 후의 원두 성분을 비교해보면 다음과 같다.

단위: (%db)

구성 성분	Arabica	Robusta	비고
총 다당류	50～55	37～47	탄수화물/식이섬유
지질	12～18	9～13	
단백질	11～13	13～15	
총 클로로겐산	5.5～8	7～10	
올리고당	6～8	5～7	
미네랄	3～4.2	4～4.5	
유리아미노산	2	2	
지방족산(초산)	1.5～2	1.5～2.0	
카페인	0.9～1.2	1.6～2.4	
트리고넬린	1～1.2	0.6～0.75	

출처: 아라비카와 로부스타 생두의 화학성분표(Clifford, 1975a, 1975b)

단위: (%db)

구성 성분	Arabica	Robusta	비고
총 다당류	24～39	22～34	탄수화물/식이섬유
휴산	16～17	16～17	폴리페놀 복합 유기산
단백질	13～15	15～17	
지질	14.5～20	11～16	
미네랄	3.5～4.5	4.6～5.0	
총 클로로겐산	1.2～2.3	3.9～4.6	
카페인	0.8～1.0	1.5～2.0	
지방족산(초산)	1.0～1.5	1.0～1.5	
올리고당	0～3.5	0～3.5	
트리고넬린	0.5～1.0	0.3～0.6	

출처: 아라비카와 로부스타 원두의 화학성분표(Clifford, 1975a, 1975b)

생두는 로스팅 과정을 거쳐 원두가 된다. 가열 반응으로 만들어지는 향미 성분으로 인해 원두는 다양한 맛과 향을 지닌다. 로스팅을 통해 생두와 원두의 주요 성분이 어떻게 달라지는지 간단히 정리해보면 다음과 같다.

총 다당류로 표시된 탄수화물은 생두의 절반 정도를 차지하고 있다. 당은 단당류인 포도당(Glucose), 과당(Fructose), 이당류인 자당(Sucrose), 맥아당(Maltose), 유당(Lactose), 다당류인 갈락토만난(Galactomannan) 등으로 나뉘는데 이당류인 유당은 로스팅 시 마이야르 반응과 스트레커 중합 반응을 통해 알데하이드, 멜라노이딘 종류의 색이나 향기 화합 물질로 바뀐다. 단당류는 로스팅 초기 아미노산과 반응해 에너지원으로 사용되어 원두에는 남지 않으며, 갈락토만난과 아라비노갈락탄 같은 다당류는 남아 에스프레소 크레마에 기여한다.

생두의 카페인은 유해한 미생물과 세균 오염을 예방하는 항균 효과와 곰팡이 독소인 오크라톡신을 예방하는 항박테리아 효과가 있다. 로스팅이 진행되는 동안에도 카페인은 사라지지 않고 원두에 대부분 남게 된다. 카페인은 몸에 활력을 주고 이뇨작용을 하는 대표적인 성분으로 잘 알려져 있다.

트리고넬린은 카페인과 더불어 대표적인 쓴맛 물질로 로스팅을 통해 소량의 성분이 손실된다. 로스팅 중 클로로겐산보다 높은 온도에서 열분해 되며, 피리딘과 같은 화합 물질을 생성해 커피의 향미에 기여한다.

생두 성분의 유리아미노산은 로스팅 초기 당과 결합하여 커피의 향미 성분 생성에 중요한 역할을 하는 물질이다. 마이야르 반응과 스트레커 중합 과정을 거치면서 멜라노이딘과 향기 성분으로 변화한다. 또한 단백질은 열에 약해 쉽게 열분해가 진행된다. 로스팅 정도에 따라 단백질의 일종인 글루탐산이 크게 증가하기도 하는데, 다시마 국물의 감칠맛과 같은 좋은 맛을 구성한다.

생두의 지질은 대부분 배젖 부분에 존재하고 미량이 표면에 있다. 카월(Kahweal), 카페스톨(Cafestol)은 커피 생두만 가지고 있는 독특한 지질 성분이다. 커피의 지질은 일반 지방과는 달리 활성 산소를 억제하고, 항독, 항암 효과가 있으며, 신체 활성화에 기여한다. 로스팅 하는 동안 비휘발성 지방류는 거의 변하지 않는다. 지질의 대부분이 세포벽 내에 액체 상태로 존재하다 로스팅이 진행되면서 내부가 팽창해 표면으로 이동한다. 짧은 시간 강하게 로스팅하거나, 프렌치나 이탈리안 정도로 배전도가 강할 경우 원두 표면에 오일이 맺힌다.

생두의 무기질 함량은 4% 내외로 대부분 수용성이며 종류가 다양하다. 그중 칼륨 성분이 가장 많으며 마그네슘, 황, 칼슘, 인 등이 미량 존재한다. 향균 작용이 있는 구리는 아라비카종보다 로부스타종에 더 많은데, 로부스타 커피에서 곰팡이 발생이 적은 이유도 카페인과 함께 구리 성분이 더 많기 때문이다.

생두에는 13종 이상의 클로로겐산이 있는데 함량은 품종이나 재배환경에 따라 다르다. 로스팅 과정 중 커피산, 퀸산으로 분해된 후 계속 다른 물질로 전환된다. 카페인이나 클로로겐산 등은 커피나무를 천적들로부터 보호해 주고, 곰팡이 번식을 막아주는 방어 기제다. 클로로겐산은 로스팅 과정에서 휘발성 향미 화합물로 분해되어 신맛을 내거나, 쓴맛, 거친 맛, 금속과 같은 뉘앙스를 풍기기도 한다.

생두에는 비타민B1 티아민(Thiamine), 비타민B2 리보플라빈(Riboflavin), 비타민B3 니아신(Niacin) 또는 니코틴산(Nicotinic acid), 판토텐산(Pantothenic acid), 비타민B12 코벨러민코벨러민 (Cobalamin) 비타민C. 아스코브산(Ascorbic acid) 등 다양한 종류의 비타민이 있다. 비타민B1, 비타민C 성분은 대부분 열에 의해 파괴되지만 비타민B3, B12 성분은 로스팅 후에도 남는다. 비타민B12 성분인 니코틴산은 로스팅 후 오히려 더 증가하기도 한다.

유기산은 카페인산, 구연산, 사과산, 주석산, 인산 등의 비휘발성과 식초산과 같은 휘발성 성분으로 구성되며 신맛에 영향을 준다. 특히 퀸산, 사과산, 구연산은 커피에서 중요한 산으로 로스팅 시간과 로스팅 레벨에 따라 크게 달라진다. 이들 성분 또한 열분해와 중합 과정을 거쳐 다양한 색과 향을 만드는 데 기여한다.

☕ 로스팅 과정

Step 1. 핸드픽(Hand Pick)으로 결점두 골라내기

〈생두에서 결점두를 골라서 모아놓은 사진〉

로스팅된 커피콩에 결점두가 10% 정도만 섞여 있어도 그 커피의 맛과 향은 현저히 떨어지므로 반드시 로스팅 전에 결점두를 골라내는 핸드픽을 해야 한다. 핸드픽은 스몰 로스터(Small Roaster)들의 경우에는 많이 하지만 하루 수십 혹은 수백 킬로그램의 커피콩을 볶는 공장형 로스터들의 경우는 현실적으로 하기 어렵다. 많은 양의 생두를 핸드픽하려면 더 많은 인력을 고용해야 하기 때문이다. 따라서 많은 양의 로스팅을 하는 업체일수록 결점두가 적은 생두를 선택하는 것이 좋다. 품질이 좋은 생두는 보통 생산지에서 1차로 핸드픽을 하고 수출하는 경우가 많다. 하지만 여기서 다 걸러낼 수도 없을뿐더러 유통 중에 발생하는 결점도 있기 때문에 로스팅 전 핸드픽은 필수다.

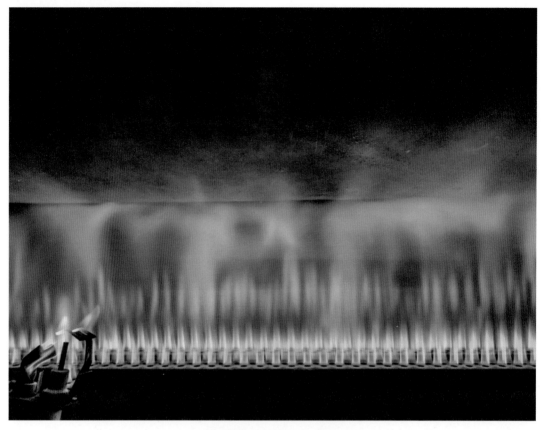

〈드럼에 열을 가해 예열 중인 로스터기〉

커피콩을 볶으려면 많은 열이 필요하므로 로스터기의 드럼은 콩을 볶기에 충분한 열을 저장하고 있어야 한다. 로스터기를 예열할 때는 버너의 최대 화력을 사용하지 않고 절반 또는 그 이하의 화력을 사용해 천천히 가열해야 한다. 지나치게 빨리 예열하면 드럼이 갑자기 팽창하면서 회전하는 드럼과 본체 사이의 간격이 좁아지며 마찰이 발생하고 이로 인해 드럼 모터에 무리가 갈 수 있기 때문이다. 예열 온도를 서서히 올려줘야 하는 또 다른 이유는 서서히 열을 올려야 드럼 내부의 온도가 일정해지고, 드럼 내외부의 대류 흐름도 안정되어 생두 투입 후 열전달이 원활해지기 때문이다.

〈로스터기의 화력을 수치로 표시해 주는 미압계〉

로스터기를 예열할 때 최대 화력의 절반 정도를 유지하다 드럼 내부의 온도가 200~250℃가 되면 버너를 끄고 약 3~5분 정도 공회전을 시켜준다. 다시 절반 정도의 화력으로 버너를 켜서 목표 온도가 되면 꺼주고 공회전하는 행위를 3~4회 정도 반복해준다. 겨울철에는 예열하는 시간을 더 길게 해 드럼 내외부에 충분한 열이 함축되도록 해야 한다. 드럼에 충분한 열이 함축되지 않으면 첫 번째 로스팅하는 커피는 실패할 확률이 높다. 그 이유는 생두에 열이 골고루 전달되지 않아 제대로 발현되지 않기 때문이다.

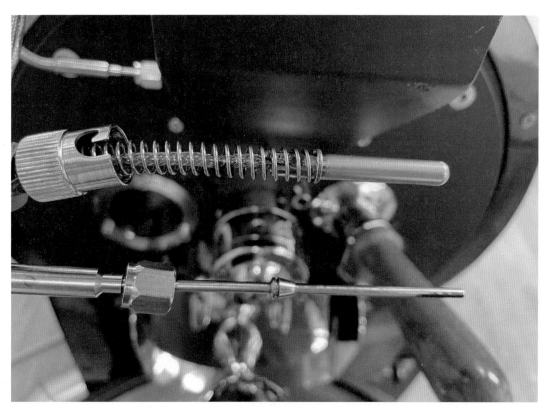

〈로스터기 드럼 구조에 따라 짧은 센서나 긴 센서를 설치〉

로스터기의 온도계(Thermometer)는 사진처럼 짧은 센서와 긴 센서로 나뉜다. 드럼 내부에 장착되는 센서는 짧은 경우가 대부분인데 센서가 길면 드럼 내부의 교반날과 간섭 현상이 생겨 센서가 파손될 수도 있기 때문이다. 그렇지만 짧은 센서는 드럼 앞 부분의 온도만을 반영하기 때문에 로스터기 전체의 열에너지를 제대로 나타내지 못하므로 드럼 내부의 온도를 제대로 반영하려면 가급적 드럼 내부 깊숙한 곳에 센서가 위치하는 것이 좋다. 주의할 점은 온도계가 200도 이상의 충분한 열이 있다고 표시될 때 드럼 외부 온도는 드럼 내부의 공기보다는 덜 예열된 상태이므로 열이 균일하지 않은 상태가 된다. 이때 생두를 투입하면 드럼 외부의 로스터기 몸체가 로스팅 과정 중의 열을 흡수하여 커피콩으로 가야 할 열이 부족해진다. 로팅을 2~3회 반복하면 로스터기 내외부의 열에너지가 평형이 되고 고른 로스팅이 가능해진다. 예열은 강하지 않은 열로 충분한 시간을 두고 하는 것이 좋다.

〈예열 초기에는 댐퍼를 조금 열어 많은 열을 축적한다.〉

예열 시 댐퍼는 어떻게 하는 것이 좋을까? 대부분의 로스팅 자료들은 댐퍼를 중간 정도로 열어 놓고 예열하는 것이 좋다고 한다. 댐퍼를 반 정도 열면 드럼 내외부의 대류가 일정하게 유지되면서 고른 예열이 가능하기 때문이다. 로스팅 경험이 많지 않은 사람이라면 이 방법이 가장 효과적이다.

필자가 예열하는 방법은, 로스터기의 불을 당기고 화력을 최대로 키운 다음 버너 전체에 불이 골고루 잘 붙었는지 확인한 후 화력을 중간으로 낮춘다. 필자가 사용하는 오즈터크베이사의 로스터는 댐퍼가 1~10단계로 나뉘어 있는데, 화력을 중간 정도로 맞춘 후 바로 댐퍼를 2~3 정도로 잠근다. 이렇게 댐퍼를 약간만 연 상태로 예열을 하면 초반에 드럼 내부에 열을 효과적으로 함축시킬 수 있다. 첫 번째 예열 온도가 230도 전후가 되면 버너를 끄고 3분 정도 공회전시킨 후 앞 단계를 한 번 더 반복한다. 이렇게 3회 반복한 후 댐퍼를 5 정도(반 열림)로 맞추고 드럼 내부의 온도가 생두 투입 온도까지 안정적으로 올라가는지 체크한다. 이때 드럼 내부의 온도가 투입 예정 온도(생두량에 따라 다르지만 1kg 로스팅 할 경우 투입 온도는 210~220℃)에 도달하지 않으면 예열과 공회전을 한두 번 더 반복한다. 이렇게 하면 충분히 첫 로스팅을 안정적으로 할 수 있는 함축열을 만들 수 있다.

앞서 로스터기의 구조에서 설명했듯이 로스터기의 드럼은 싱글 드럼, 더블 드럼, 방열판 방식 등 여러 가지 형태가 있다. 싱글 드럼은 열전도가 빨라 순간 열 적용이 가능하다. 더블 드럼은 열 보존성이 좋아 고른 발현이 장점이다. 방열판 방식은 더블 드럼으로 로스터기를 만들면 비용이 많이 들기 때문에 드럼과 버너 사이에 방열판을 설치해 더블 드럼의 효과를 추구한 방식이다. 하지만 방열판이 버너와 너무 가까워 방열판의 과열로 인한 로스팅 제어가 어렵다는 단점이 있다.

싱글 드럼은 더블 드럼보다 빨리 드럼 내외부의 온도가 올라가 예열도 빨리 진행된다. 반대로 더블 드럼은 온도의 상승 속도가 늦고 드럼 내외부가 충분히 예열되는데 많은 시간과 열을 필요로 한다. 따라서 더블 드럼 로스터기를 사용하는 경우 예열에 더 많은 시간과 열을 투자해야 한다. 로스팅의 첫 번째 목적은 커피콩을 잘 발현시켜 본연의 맛과 향을 잘 표현해 내는 것이다. 성공적인 로스팅을 위한 첫걸음이 충분한 예열이라는 것을 잊지 말고 로스터기의 특성에 맞게 예열 포인트를 잘 맞추도록 하자.

〈로스터기 호퍼의 생두가 드럼 내부로 투입되는 장면〉

Ⓐ 생두 투입

충분한 예열을 마친 로스터기에 생두를 투입한다. 커피콩이 원하는 로스팅 포인트로 익기까지 생두 내외부에는 많은 일들이 일어난다. 생두가 익어가는 과정은 화학적, 물리적 변화로 정리할 수 있는데, 화학적 변화는 앞에서 상세하게 다뤘기 때문에 여기서는 물리적 변화를 위주로 간단히 정리하고 넘어간다. 다음 장에서 다룰 로스팅 방법론에서 로스팅 과정을 상세하게 다룰 예정이기 때문에 여기에서는 전체적인 흐름을 이해하도록 하자.

Ⓑ 로스팅 진행

로스터기의 드럼에 투입된 생두는 열을 흡수하면서 생두 내부의 기체와 조직들이 팽창하게 된다. 이 팽창 과정을 거치면서 부피가 커지고, 색상이 변한다. 생두 내부의 조직은 다공질(Porous)화 되면서 허니컴(Honeycomb) 구조가 되는데 이 안에 커피 향미를 결정하는 다양한 물질들이 들어있다. 생두가 팽창하면서 이 안에는 여러 가지 화학 반응에 의한 생성물이 자리하는데 이산화탄소(CO_2)가 대표적인 물질이다. 녹색의 생두는 갈색 색소 물질들이 만들어지면서 백색, 연노랑, 노랑, 연한 갈색, 진한 갈색, 검은색으로 변해간다. 변해가는 단계인 원두의 색상에 따라 배전도를 나눈다.

© 배전도(Roast Level)

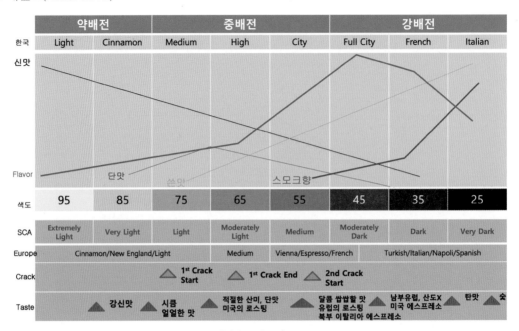

〈배전도 비교표〉

배전도는 한국, 미국, 유럽에서 사용하는 방식이 다르다. 국내에서 사용하는 배전 8단계는 일본에서 사용하는 방식을 적용한 것이다. 도표는 각기 다른 배전도를 한눈에 알아보기 쉽게 정리한 것으로 배전도를 구분하는 정확한 기준은 중간에 '색도'라 표시되어 있는 숫자다. 숫자가 클수록 연한 색상, 숫자가 작을수록 진한 색상인데, 그 이유는 홀빈 또는 분쇄된 커피 입자에 100이라는 빛을 보냈을 때 돌아오는 빛의 양을 계산해 로스팅 단계를 구분하기 때문이다. 커피를 연하게 볶으면 커피 입자에 부딪쳐 돌아오는 빛의 양이 많고, 커피를 진하게 볶으면 돌아오는 빛의 양이 적기 때문에 색도를 측정하는 기계에 표시되는 숫자가 낮을수록 커피가 더 진하게 볶아졌음을 의미한다. 95~25의 숫자는 SCA에서 색도계의 기준으로 삼는 'Agtron' 색도계를 기준으로 구분해 놓은 것이다. 국내는 색도가 95 수준일 때 라이트, 85 수준일 때 시나몬, 75 수준일 때 미디엄, 65 수준일 때 하이, 55 수준일 때 시티, 45 수준일 때 풀시티, 35 수준일 때 프렌치, 25 수준일 때 이탈리안이라 부른다. 미국이나 유럽의 명칭도 도표를 참고하면 된다.

ⓓ 팝핑(Popping)과 크랙(Crack)

로스터기에 따라 다르지만, 드럼의 내부 온도가 180℃ ~ 210℃ 정도가 되면 커피콩 조직이 내압을 견디지 못하고 폭발하게 된다. 마치 팝콘이 터질 때 내는 소리처럼 "따닥" 혹은 "파박" 소리가 나기 때문에 이 현상을 '팝핑'이라고 부른다. 팝핑은 커피콩의 가장 약한 부위가 갈라지면서 그 안에 갇혀 있던 수많은 기체와 수분을 방출하게 되는데, 이 현상을 '크랙'이라고 부른다. 팝핑은 보통 1분~2분 정도 지속된다. 1차 팝핑이 지나간 이후에도 지속적으로 열을 가하면 커피콩이 짙은 검은색을 띠며 다시 한번 팝핑이 일어나는데 이를 '2차 팝핑'이라 부른다. 2차 팝핑은 1차 팝핑에 비해 소리가 작게 들리며 커피콩 내부의 오일이 밖으로 배출된다. 팝핑이나 크랙을 구분해서 써야 한다는 의견도 있지만 대부분의 로스터들은 '1차 팝', '2차 팝' 또는 '1차 크랙', '2차 크랙' 등으로 혼용해서 사용하고 있다.

ⓔ 배출과 쿨링(Cooling)

〈로스팅 완료 후 쿨링이 진행되는 원두〉

로스터는 로스팅이 진행되는 동안 오감을 사용해 드럼 내부의 커피콩이 얼마만큼 익었는지 파악해야 한다. 로스터가 원하는 수준이 되면 쿨러와 교반기를 작동시키고 드럼 창을 열어 원두를 배출시킨다. 배출된 원두는 내부 온도가 200℃ 전후의 고온 상태이므로 최대한 빠르게 식히기 위해 대부분의 로스터기는 성능이 좋은 흡입형 쿨러를 가지고 있는데 원두가 배출될 때 내뿜는 연기와 열기 등을 흡수해 빠르게 연통으로 배출하기 위함이다. 만약 쿨러의 성능이 떨어진다면 쿨링이 진행되는 동안에도 로스팅이 진행되어 원했던 로스팅 레벨보다 더 진하게 볶인 결과물을 얻을 것이다. 쿨링은 최대한 빠르게 진행되는 것이 좋기 때문에 주변에 선풍기나 팬을 틀어 원두의 열을 빠르게 낮추는 것이 좋다.

배전도(Roast Level) / 로스트 컬러(Roast Color)

배전도나 로스트 컬러라는 용어는 원두의 색상을 표현하는 단어지만 제대로 통일된 용어가 없어서 '로스팅 레벨', '배전도(일본식 표현)', '로스팅 포인트' 등으로 다양하게 불린다. 로스팅 과정 설명에서 도표를 통해 국가별 등급이나 용어를 간단히 설명하였으므로 여기에서는 국내에서 주로 사용하는 8단계 구분법 위주로 설명한다.

배전도/ 로스트 컬러	샘플 원두	애그트론 수치 (Agtron Gourmet Scale)	특징
라이트 Light		#95	로스팅 초기 단계이며 향과 바디감이 거의 없고 곡물 맛이 남.
시나몬 Cinnamon		#85	강한 신맛이 나며 품종의 특성이 나타나기 시작함. 시나몬 색을 띠며 향이 나기 시작.

미디엄 Midium		#75	신맛에 쓴맛이 더해져 바디 감(깊은 무게감)이 조금씩 강해지기 시작함. 향이 좋고 마일드함.
하이 High		#65	갈색을 띠며 신맛과 쓴맛이 조화를 이루며 단맛이 나기 시작.
시티 City		#55	다갈색으로 균형 잡힌 맛을 내며 커피 품종의 특성이 나타나기 시작함.
풀시티 Fully City		#45	흑갈색을 띠며 산미는 거의 없어지고 쓴맛과 깊은 바디 감을 느낄 수 있음. 아이스 커피에도 적합.
프렌치 French		#35	진한 초콜릿색으로 표면에 오일 성분이 나타남. 쓴맛뿐 아니라 탄 맛이 나타남.

이탈리안 Italian		#25	검은색에 가깝고 강한 쓴맛 과 탄 맛이 남.

로스팅된 원두의 컬러 측정은 색도계로 한다. SCA에서는 '애그트론(Agtron)' 색도계가 측정한 수치를 기준으로 로스트 컬러를 구분한다. 애그트론 색도계가 정확하게 색도를 측정하는 정밀 장비이긴 하지만 워낙 고가의 장비이다 보니 소규모 로스터들은 쉽게 접근하기 어려운 장비다. 그래서 대용품으로 많이 사용하는 장비가 국내 업체에서 개발한 '로아미(Roamy)'라는 색도계다. 원래 피부를 측정하는 장비를 생산하던 중소기업이 틈새시장을 노려 개발한 색도계인데 필자를 비롯한 많은 로스터들이 사용하고 있다. 물론 이 장비도 고가이긴 하지만 애그트론보다는 저렴하고 비교적 정확하게 색도를 수치화시켜준다.

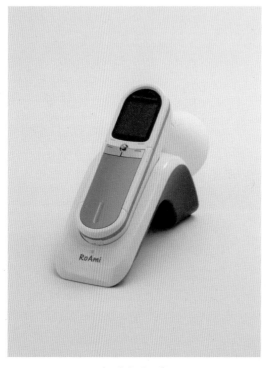

로아미 색도계는 0~100 범위의 수치로 측정 값을 표시해 주는데 우리나라식 로스트 컬러 명칭과 SCA 명칭을 색도값에 대입해 비교표를 만들어 보면 다음과 같다.

〈로아미 색도계〉

SCA Gourmet Result	배전도/로스트 컬러	SCA Names
97 <= Gourmet # < 100	Light −	Extremely Light −
93 <= Gourmet # < 97	Light	Extremely Light
90 <= Gourmet # < 93	Light +	Extremely Light +
87 <= Gourmet # < 90	Cinnamon −	Very Light −
83 <= Gourmet # < 87	Cinnamon	Very Light
80 <= Gourmet # < 83	Cinnamon +	Very Light +
77 <= Gourmet # < 80	Medium −	Light −
73 <= Gourmet # < 77	Medium	Light
70 <= Gourmet # < 73	Medium +	Light +
67 <= Gourmet # < 70	High −	Medium Light −
63 <= Gourmet # < 67	High	Medium Light
60 <= Gourmet # < 63	High +	Medium Light +
57 <= Gourmet # < 60	City −	Medium −
53 <= Gourmet # < 57	City	Medium
50 <= Gourmet # < 53	City +	Medium +
47 <= Gourmet # < 50	Full City −	Moderately Dark −
43 <= Gourmet # < 47	Full City	Moderately Dark
40 <= Gourmet # < 43	Full City +	Moderately Dark +
37 <= Gourmet # < 40	French −	Dark −
33 <= Gourmet # < 37	French	Dark
30 <= Gourmet # < 33	French +	Dark +
27 <= Gourmet # < 30	Italian −	Very Dark −
23 <= Gourmet # < 27	Italian	Very Dark
0 <= Gourmet # < 23	Italian +	Very Dark +

색도계는 각 배전도의 기준점이 되는 '#95, #85, #75…' 등의 수치로 표시하지 않고, 빛이 반사되어 돌아오는 고유의 수치를 표시해주기 때문에 소수점 한자리까지 정확히 표기해준다. 만약 로아미로 측정한 값이 #77.8로 표시된다면 이 원두는 국내식 배전도 기준 '미디엄' 정도에 해당

하는 콩이지만, 한 단계를 마이너스, 제로, 플러스로 세분화시켜 놓았기 때문에 정확히 말하면 '미디엄 마이너스' 정도로 볶아진 콩이다. 이렇게 세분화해서 볶다 보면 조금 더 섬세한 맛과 향을 표현해내는 로스팅 기술을 익힐 수 있다.

MEMO

Chapter 3

로스팅
방법론

커피 사업을 의욕적으로 펼치다 잠시 어려운 시기가 있었다. "앞으로 무엇을 해야 할까?"라는 고민을 하면서 내가 가장 잘 할 수 있는 일을 두 개의 키워드로 정리해보니 '교육'과 '커피'였다. 그래서 커피 교육을 해보자는 생각으로 핸드드립, 바리스타, 커핑 등 커피와 관련된 교육 콘텐츠를 만들고, 책을 쓰고, 사람들을 모아 교육을 시작했다. 커피 교육을 시작한지 1년여가 지났을 때 문하생들이 물었다. "선생님, 로스팅은 언제 배울 수 있나요?" 이 질문을 받을 때만 해도 로스팅 교육에 대한 개념이 명확히 서질 않았다. 내가 매일 볶는 커피는 그저 나의 직감으로 볶아내는 것이었고, 이 직감을 콘텐츠화하는 것은 또 다른 문제였다. 몇 개월에 걸친 연구와 고민 끝에 만들어낸 것이 '로스팅 방법론'이다. 로스팅 대상물이 되는 생두를 파악해 유형별로 분류하고, 그 유형에 적합한 배전도로 볶아내는 방법. 최상의 결과물을 얻어내는 방법은 아니지만 실패하지 않는 로스팅 방법을 찾고자 하는 시스템적이고 유형적인 방법론. 그 노하우를 이제 공유해 보려고 한다.

생두의 유형 분석

〈다양한 커피 생두〉

요리를 하려면 그 재료의 특성을 잘 알고 조리해야 맛 좋은 음식을 만들어 낼 수 있다. 마찬가지로 로스팅도 대상이 되는 생두의 특성을 잘 파악한 후 특성에 맞게 볶아야 좋은 결과물을 얻을 수 있다. 커피 생두는 수백 종의 품종이 있으며 각각의 품종에 가장 잘 맞는 배전도를 찾으려면 수천 혹은 수만 번의 경우의 수만큼의 로스팅 프로파일을 가지고 있어야 한다. 생두 내부의 성분 또한 제대로 분석하려면 대당 수억 원이 넘는 성분 분석기를 사용해야 하는데 필자와 같은 스몰 로스터들은 불가능한 일이다. 그래서 일반적인 곡물의 분류 기준을 참고해 커피 생두의 분류 기준을 잡아보니 '함수율'과 '밀도'로 정리할 수 있었다. 함수율과 밀도는 전문 분석기로 쉽게 측정이 가능하지만 이 또한 고가의 장비라 모두 구비해서 사용하긴 어렵다. 가장 경제적이면서도 정확도가 떨어지지 않는 방법으로 함수율과 밀도를 측정하는 방법과 전문 장비로 측정하는 방법을 알아본다.

함수율에 따른 분류

⟨수분이 많은 생두(왼쪽)와 수분이 적은 생두(오른쪽)⟩

커피 생산지에서는 생두를 가공할 때 수분을 13% 내외로 맞춘다. 일정한 수준으로 수분을 유지하는 것은 곰팡이균과 같은 박테리아 번식을 억제하기 위한 것으로 함수율이 내려가면 수분활성도가 낮아져 미생물이 생장할 수 없는 환경이 된다. 가공된 생두는 컨테이너에 실려 소비지에 도착하면 10% 내외의 함수율을 보인다. 생두는 함수율이 높을수록 수용성 성분이 많으며, 함수율이 낮은 올드 크롭(Old Crop)은 아무리 잘 볶아도 뉴 크롭(New Crop)의 풍부한 맛과 향을 표현해 내지 못한다.

생두의 함수율 측정은 곡물류를 측정하는 전문 장비나 커피 생두 전용 측정 장비를 활용한다.

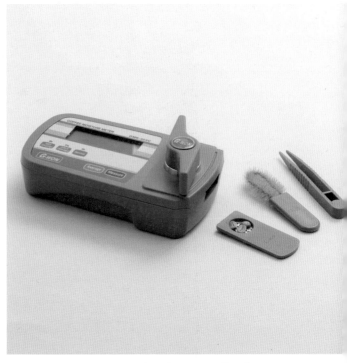

〈밀도 & 수분 측정기〉   〈휴대용 생두 수분 측정기〉

필자가 사용 중인 수분 측정기는 밀도와 수분을 함께 측정하는 장비와 휴대용 수분 측정기다. 휴대용 수분 측정기는 오차가 ±0.5% 정도로 정밀 측정기보다는 약 0.5~1% 정도 수분이 낮게 측정된다. 생두의 수분을 측정하는 방식은 생두에 전류를 흘려 그 전류가 되돌아오는 시간을 계산해 생두 내부에 수분이 얼마나 있는지 환산해 주는 것으로 장비마다 오차가 존재하기 때문에 감안하고 사용하는 것이 좋다.

생두의 수분은 로스팅 초반에는 생두 조직 내부로 침투하는 열을 방어하는 역할을 한다. 하지만 물은 모든 물질 가운데 비열이 가장 크기 때문에 일정 온도 이상이 되면 반대로 열전달자 역할을 해 커피콩을 빨리 익혀주는 매개체가 된다. 반면 생두에 과하게 수분이 남아 있을 경우 로스팅 후반에 화학 반응을 방해할 수도 있기 때문에 로스터는 생두의 함수율을 꼭 알고 로스팅을 진행해야 한다.

필자는 새로운 콩이 입고되면 항상 함수율을 측정하고 유형별로 콩을 분류하는데 이는 로스팅 시 투입 온도 계산과 불 조절을 하는데 중요한 자료로 사용되기 때문이다. 수분 측정기로 생두의 함수율을 측정해보면 다음과 같은 결과물을 얻을 수 있다.

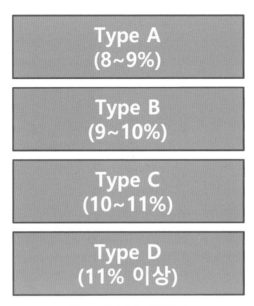

<생두의 함수율에 따른 분류>

산지에서는 생두의 함수율을 12~13% 정도에 맞춰 가공한 후 컨테이너에 담아 화물선에 선적하여 수출하기 때문에 소비지에서 12%대의 함수율을 그대로 유지한 생두를 받는 경우는 드물다. CoE 생두처럼 옥션을 통해 구입한 특별한 경우에는 비행기로 배송되어 산지의 함수율이 그대로 유지되기도 하지만 Commodity 등급이나 일반적인 Specialty 등급은 대부분 12% 이하로 측정된다.

함수율을 측정해 생두를 분류해보면 도표처럼 Type A~D로 나눌 수 있는데, 보관을 오래 한 올드 크롭처럼 8% 이하로 함수율이 측정될 경우 Type A로 분류하면 된다. 분류된 함수율 유형은 투입 온도를 결정하고 열량을 조절하는 기준으로 활용한다.

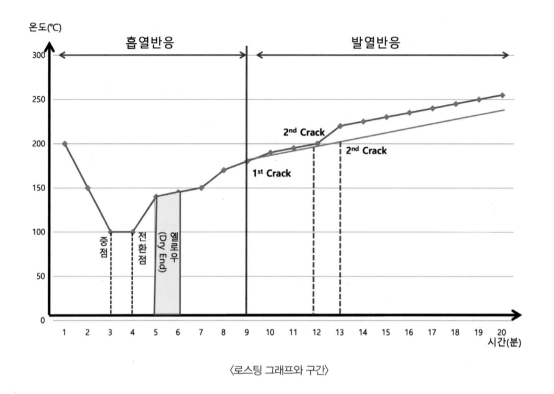

〈로스팅 그래프와 구간〉

위 도표를 보면 200도에 생두를 투입해서 3분 무렵에 중점을 찍고 4분 정도에 전환점(Turning Point)이 되는 것을 알 수 있다. 차가운 생두가 드럼으로 투입되면 드럼 내부의 열이 급격하게 떨어지다 일정한 시점이 되면 온도가 잠시 멈추는 현상을 보이는데 이때가 중점이고, 이 온도를 유지하다 올라가는 시점이 전환점이 된다. 로스터기에 투입된 생두는 전환점에서부터 열을 흡수하기 시작한다. 열이 생두 표면에서부터 내부로 점차 침투하면서 옐로우 시점 혹은 드라이 엔드(Dry End)라 불리는 시점까지 수분 날리기가 진행된다. 옐로우 시점은 드럼 안의 생두를 육안으로 확인했을 때 녹색이 사라지고 연노랑 빛을 띠는 단계를 말한다.

〈수분 날리기가 끝난 시점(옐로우 시점)의 원두〉

생두 투입량, 투입 시 온도, 열량이 같다고 가정했을 때 함수율이 높은 생두가 낮은 생두보다 전환점~옐로우 시점에 이르는 드라잉(Drying) 구간이 길어진다. 함수율이 높다고 드라잉 구간을 너무 길게 가져가면 생두 내부에 지나치게 많은 화학 반응이 일어나고 이로 인해 부정적인 향미가 발현된다. 반대로 드라잉 구간을 너무 짧게 설정하면 산미는 강해지지만 향미가 전체적으로 부족하고 밸런스(Balance)가 깨진 결과물을 얻는다.

생두의 함수율을 측정한 후 유형을 분류해 놓으면 투입 온도와 전환점~옐로우 시점에 이르는 열량 조절을 쉽게 설정할 수 있다. 우선 본인이 사용하는 로스터기에 맞게 기준점을 잡아야 하는데 생두의 타입에 따라 투입 온도를 다르게 하여 여러 번의 경험치로 얻은 수치를 기준점으로 잡는 것이 좋다. 그렇다면 투입 온도는 어떻게 결정해야 할까? 생두 1kg을 로스팅한다고 가정했을 때 전환점이 90도 전후가 되도록 맞추길 권장한다. 전환점이 너무 낮을 경우에는 버너의 화력을 최대한으로 유지해도 커피콩으로 열이 전달되지 않고 생두 투입으로 뺏긴 드럼 내외부의 열을 보충하는 데 사용되기 때문에 드라잉 시점이 너무 길어진다. 반대로 전환점 온도가 너무 높을 경우에는 드라잉 구간이 너무 짧아져 원두가 제대로 발현되지 않은 결과물을 얻는다.

로스터기 드럼의 용량이 1~2kg 정도의 소형 로스터기일 경우에는 투입 온도를 150도 전후로 설정하여 사용하는 경우가 많고 5kg 정도의 중형 로스터기의 경우에는 200도 전후로 설정해 사용한다. 드럼의 재질이나 이중 드럼의 유무에 상관없이 생두 1kg을 넣었을 때 투입 온도와 전환점을 체크해보면서 전환점이 90도 전후가 되는 온도를 투입 온도로 설정한다. 로스터기 제조사마다 투입량에 따른 투입 온도 기준치가 있으므로 이를 참고하는 것도 좋은 방법이다.

☕ 함수율 유형별 적용

Type A(8~9%)

〈타입 A 생두: 함수율이 낮아 생두가 전체적으로 연노란색을 띤다.〉

타입 A는 8~9% 정도의 낮은 함수율을 가진 생두다. 즉, 패스트 크롭(Past Crop)이나 올드 크롭(Old Crop)처럼 오래 보관했거나, 잘못된 보관으로 수분이 많이 증발된 상태다. 이런 생두는 드라잉 구간이 짧으므로 투입 온도를 낮게 잡는다. 생두의 함수율 타입별로 5도 혹은 10도 단위로 차이를 두고 투입 온도를 결정하면 되는데 타입 D에 비해 수분이 2% 이상 낮기 때문에 투입 온도를 15℃ 정도 낮게 설정해도 된다. 보통 생두 1kg을 10℃ 정도 올리는 데 걸리는 시간은 1분 전후다. 타입 A처럼 수분이 낮은 콩의 투입 온도는 다소 낮게 해야 드라잉 구간이 너무 빨리 진행되지 않는다.

Type B(9~10%)

〈타입 B 생두: 백색이 섞인 연한 녹색을 띤다.〉

타입 B는 9~10% 정도의 중간 혹은 그 이하의 함수율을 가진 생두다. 생산된 지 만 1년이 넘은 패스트 크롭의 생두들이 대부분 이 타입에 해당된다. 타입 B 또한 수분이 많은 콩은 아니기 때문에 타입 D보다 투입 온도를 10℃ 정도 낮게 설정한다.

Type C(10~11%)

〈타입 C 생두: 전반적으로 녹색을 띤다.〉

타입 C는 10~11% 정도의 다소 높은 수분을 가진 생두다. 1년 이내의 뉴 크롭 생두가 대부분 여기에 해당되며, 타입 D보다 투입 온도를 5℃ 정도 낮게 잡는다. 타입 C에 해당되는 커피콩들을 볶아보면 원두가 주름 없이 잘 펴져 부피는 최대가 되는 경우가 많은데 적절한 수분 배출과 드라잉 구간이 좋은 영향을 미치기 때문이다.

Type D(11% 이상)

〈타입 D 생두: 진한 녹색을 띤다.〉

타입 D는 11% 이상의 수분이 높은 생두를 말한다. 생산지에서 가공 과정을 마친 생두를 지체없이 가져온 경우 함수율이 11%가 넘는 경우가 많다. 타입 D에 해당되는 생두는 신선하지만 그만큼 로스팅이 까다로운 경우도 많다. 드라잉 구간을 너무 짧게 하면 신맛으로 치우치고, 너무 길게 하면 밋밋한 맛을 내는 커피가 되기 때문이다. 함수율을 측정해 타입을 나누고 투입 온도와 드라잉 구간의 길이를 설정하는 기준은 타입 D로 잡는 것이 좋다. 이 유형에 해당하는 생두를 200도, 210도, 220도에 각각 투입하여 어떤 투입 온도가 90도 전후의 전환점을 만들어 내는지 체크하고 전환점~옐로우 시점에 이르는 드라잉 구간의 시간과 온도를 체크한 후 기준점으로 삼는다. 로스터기의 용량에 따라 다소 차이가 있지만 중소형 로스터기의 경우 150~160℃ 정도가 옐로우 혹은 드라이 엔드 시점이 되는데 드럼 내부의 생두를 육안으로 보면서 생두가 연한 노랑 빛을 띠는 시점의 온도와 시간을 드라이 엔드 시점으로 삼는다.

타입 D(함수율 11~12% 사이)의 콜롬비아 생두 1kg을 투입하고 온도를 다르게 변경하며 옐로우 시점(150℃)의 평균 함수율을 측정해보면 다음과 같다.

구 분	200도 투입	210도 투입	220도 투입
옐로우 시점(Dry end)	4분 10초	3분 40초	3분 20초
평균 함수율	7.5%	7.8%	8.1%

〈로스터기: 오즈터크 5KG, 반열풍, 이중 드럼〉

원두 배출 후 쿨링은 동일하게 1분 진행 후 8시간 밀폐용기에 보관하여 각 샘플별로 세 번 함수율을 측정해 평균값을 구한 결과다. 실험 결과는 녹색의 생두가 연한 노랑 빛을 띠는 일명 '드라이 엔드' 구간이 짧을수록 수분 날리기가 원활하지 않았음을 보여준다.

드라이 엔드(투입~옐로우 시점) 구간이 길어지면 수분 배출량이 많아지면서 화학 반응을 더욱 활성화시킬 수는 있지만, 지나친 화학 반응에서 오는 부정적인 향미도 지니게 된다. 반대로 너무 짧은 드라이 엔드 구간은 상대적으로 화학 반응이 덜 일어나면서 이 맛도 저 맛도 아닌 커피가 되어버리는 경향이 있다. 따라서 드라이 엔드 구간은 너무 길거나 짧게 하지 말고 적절한 수분 날리기와 화학 반응이 진행되도록 해야 한다.

실험 결과를 토대로 화력 등의 기타 변수가 동일할 경우 드라이 엔드 구간은 투입 온도로 어느 정도 조절이 가능하다. 다만 이는 절대적인 것이 아니라 사용하는 로스터기, 열원, 열량, 생두에 따라 달라질 수 있기 때문에 자신의 로스터기에 맞게 여러 번의 실험과 평균을 구해 적용해야 한다.

생두의 함수율을 측정해 타입을 분석하는 것은 로스팅의 시작인 투입 온도를 결정하고, 옐로우 시점(드라이 엔드)까지 적절한 수분 날리기를 통해 가장 좋은 향미가 발현되도록 화학 반응 시간을 조절하는 중요한 작업이다.

밀도에 따른 분류

밀도(Density)란, 어떤 물질의 질량(g)을 부피(ml)로 나눈 값을 말한다. 물질마다 가진 고유한 값으로, 단위는 g/ml이다. 물은 4℃일 때 비중이 가장 높고 액체 상태일 때 비중이 가장 높으며, 고체, 기체 순이다. 물을 제외한 일반적인 물질은 고체 〉 액체 〉 기체 순이다.

$$밀도(D) = \frac{질량(M)}{부피(V)}$$

생두의 밀도 측정

커피 생두의 밀도는 부피 밀도를 측정하는 방법과 공간 밀도를 측정하는 두 가지 방법으로 나뉜다. 부피는 생두의 무게와 부피를 측정하여 질량을 부피로 나누는 방법이고, 공간은 일정한 공간에 생두를 채워 무게를 측정하는 방법이다. 공간 밀도를 측정하는 방법이 빠르고 간편하기 때문에 최근에는 공간 밀도를 측정하는 기계들을 많이 사용하고 있다.

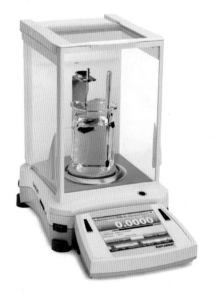

〈고성능 밀도 측정기, 영국 Ray-Ran〉

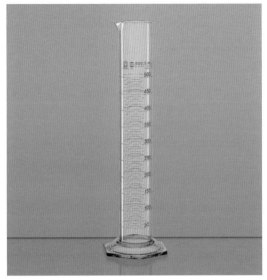

〈메스실린더, 코렙샵〉

〈미세 저울, 카스〉

생두의 밀도를 가장 정확하게 측정하는 방법이다. 1ml 단위의 눈금자가 있는 10ml 용량의 메스실린더를 준비한다. 10ml 용량의 메스실린더를 구하기 어려운 경우 100ml 메스실린더를 사용한다. 결점두를 제외한 생두 10개를 무작위(큰 생두 혹은 작은 생두만 선별하지 않음)로 선택한 후 미세 저울에 무게를 측정한다. 메스실린더에 5ml 정도의 물을 채운 후 생두를 1개씩, 10개 모두를 넣는다. 5ml 눈금에서 올라간 만큼의 메스실린더 눈금이 생두의 부피가 된다. 예를 들어 생두 10개의 무게가 2.50g이었고, 부피가 1.5ml였다면 이 생두의 밀도는 2.5g/1.5ml=1.66(g/ml)이 된다. 만약 100ml 용량의 메스실린더를 사용한다면 생두를 30g 계량하여 50ml 선에 맞게 물을 채운 메스실린더에 넣어 밀고 올라간 눈금만큼 부피를 측정한다. 50ml의 물이 들어 있는 메스실린더에 생두 30g을 넣었더니 75ml의 눈금까지 물이 올라갔다면 이 생두의 부피는 25ml가 되고 생두의 밀도는 30g/25ml=1.2(g/ml)이 된다. 생두의 밀도는 질량이 '1'이기 때문에 항상 1 이상의 수치로 계산되는 게 맞다. 조금 더 정확한 밀도를 측정하기 위해서는 수차례 반복해 평균값을 내는 것이 가장 좋은데 필자의 경험으로 봤을 때 3회 측정하고 평균값을 계산하면 거의 정확한 값을 얻을 수 있다.

Type A (Density 1.0~1.10)
Type B (Density 1.11~1.15)
Type C (Density 1.16~1.20)
Type D (Density 1.21 이상)

〈밀도값에 따른 생두의 분류〉

공간 밀도 측정법

〈Lighttells MD-500 수분 밀도 측정기〉

공간 밀도는 계량화된 공간에 얼만큼의 질량을 담을 수 있는지 측정하는 방식이다. 보통 1리터의 물이 들어가는 공간으로 계산하는데 안쪽 치수의 가로, 세로, 높이가 각각 1,000㎤인 그릇이 1리터에 해당된다. 따라서 공간 밀도는 1리터의 물을 담을 수 있는 그릇에 얼만큼의 생두를 담을 수 있는지(g/L) 계산된 결과로 표시한다.

필자가 사용 중인 장비는 Lighttells사에서 만든 MD-500이라는 커피 전용 수분/밀도계다. 일반적으로 농산물의 함수율 측정 방법은 비슷한데, 건조 오븐 측정법, 적외선 수분계, 직류 저항식 수분계, 단립 수분계, 전기 용량식 수분계 등의 방법을 사용한다. 커피 생두의 함수율을 측정하는 장비는 주로 전기 용량(Capacitance)을 이용한 수분계를 많이 사용한다. 유전율(유도전기비율, Permittivity) 변이를 이용한 측정법은 속도가 빠르고, 측정 도구를 소형화시킬 수 있는 장점이 있다.

MD-500은 정확한 밀도 측정을 위해 시료 용기를 제공하며 이 시료 용기에 물을 가득 채우면 265g 정도가 된다. 여기에 생두를 가득 채우고 설압자를 이용해 정확하게 레벨링을 한다. 함수율만 측정할 경우 50~240g의 생두를 넣고 측정하면 오차가 거의 없이 정확하게 측정이 가능하다.

깔때기(Funnel) 혹은 호퍼(Hopper) 형태의 투입구에 금색 플러그(Plug)를 막은 상태에서 생두를 부은 후 플러그를 제거하면 생두가 본체 안으로 고르게 분배된다.

생두가 고르게 분배되지 않으면 측정값에 오차가 발생할 수도 있는데 MD-500은 고르게 잘 분배되는 구조를 가지고 있다.

측정(Measure)을 누르면 함수율(%)과 밀도(g/L)가 표시된다. 예를 들어 750g/L로 밀도가 표시되었다면, 1리터의 물이 들어가는 공간에 750g의 생두가 들어있다는 의미로 이 수치가 클수록 밀도가 높다는 의미다.

제조사가 제공한 스펙상의 정확도(Accuracy)는 함수율 ±0.5%, 밀도 ±1.2g/L, 함수율 측정에 대한 반복성(Repeatability)은 0.20% 정도로 준수하다.

〈시나빈프로 밀도 측정기, 기센코리아〉

생두의 함수율과 밀도를 정밀 측정할 수 있는 다른 장비는 시나빈 프로 휴대용 측정기가 있다. 휴대용이긴 하지만 4백만 원대의 고가 장비라 스몰 로스터들이 사용하기에는 부담스럽다. ISO 6673에서 제시한 생두의 질량 정확도와 MD-500, 시나빈 프로가 측정한 값을 비교해 보면 생두의 함수율은 ±0.2% 정도의 오차, 원두의 함수율은 ±0.3% 정도의 오차가 있다. 따라서 시나빈 프로나 MD-500 모두 정확성 면에서는 크게 차이가 나지 않는다고 볼 수 있다.

☕ 부피 밀도 유형별 적용

Type A(1.0~1.10)

〈밀도 타입 A 생두: 콩이 단단하지 않고 가볍다.〉

타입 A는 밀도가 1~1.1에 해당되는 콩으로 밀도가 가장 낮은 생두다. 이런 생두는 메스실린더에 넣어보면 둥둥 뜨는 특징이 있는데 그만큼 속이 여물지 못하고 다공질화되어 있다는 것을 의미한다. 일반적으로 밀도가 낮은 콩은 높은 콩에 비해 생두 중심으로 열전달이 빠르게 일어난다. 하지만 타입 A에 해당되는 생두도 함수율이 높은 경우라면 로스팅 초반에 수분 날리기에 열량과 시간이 많이 소모되므로 함수율을 고려해 초기 열량을 정한다.

〈밀도 타입 B 생두: A타입 보다는 콩이 단단하다.〉

타입 B는 밀도가 1.11~1.15에 해당되는 콩이다. 타입 A와 함께 저지대에서 재배된 커피 생두들이 대부분 이 그룹에 속한다. 재배지 환경에 따라 다르지만 로부스타나 버번 품종이 대부분 A타입이나 B 타입에 속하는 경우가 많다. 상대적으로 저지대에서 재배되다 보니 밀도가 높지 않은 것이다. B 타입의 생두도 수분 날리기가 끝난 시점부터는 빨리 익기 때문에 메일라드 반응 구간을 빨리 진행시켜 주는 것이 좋다.

Type C(1.16~1.20)

〈밀도 타입 C 생두: 전체적으로 콩이 단단해 보인다. 〉

타입 C는 1.16~1.20에 해당하는 생두다. 해발 500~1,000m 정도의 중고도 지역에서 재배된 콩들이 대부분 여기에 해당된다. 타입 C에 해당되는 생두는 메일라드 반응 구간이 천천히 진행되기 때문에 과한 열을 주지 않는 것이 좋다. 그렇다고 너무 약한 불로 장시간 로스팅을 하면 밋밋한 커피가 되기 때문에 콩의 색상과 부풀기를 보면서 적정 열량을 공급해준다.

Type D(1.20 이상)

〈밀도 타입 D 생두: 콩이 단단하고 무겁다. 〉

타입 D는 1.20 이상으로 측정되는 생두로 해발 1,000m 이상의 고지대에서 생산되는 커피다. 고산지대에서 생산되는 커피는 일교차가 크기 때문에 생두 조직이 치밀하고 단단하다. 따라서 D 타입에 해당하는 콩은 잘못 볶을 경우 주름이 쫙 펴지지 않고 쭈글쭈글하게 나온다. 밀도가 강한 콩일수록 강한 열로 빨리 볶기보다는 메일라드 반응 구간과 캐러멜화 반응 구간의 반응을 살피며 조금 천천히 볶아 충분히 콩 내부까지 잘 익히도록 하는 것이 좋다.

☕ 밀도 타입에 따른 로스팅 포인트

생두의 함수율과 밀도를 측정해 유형별로 분류하는 이유는 적절한 불 조절로 커피콩을 잘 익히고 맛과 향이 좋은 시점에 배출해 결과적으로는 실패하지 않는 로스팅을 하기 위함이다. 같은 품종의 콩이라도 재배 환경이나 가공 방법에 따라 맛과 향이 많이 다르기 때문에 여기서 제시하는 로스팅 포인트가 가장 좋은 시점은 아니지만 적어도 이정도에 배출하면 커피의 맛과 향을 망치지는 않는다는 의미다. 최상은 아니지만 최선의 결과물을 얻기 위한 고민의 결과물이라고 이해해 주길 바란다.

배전도 \ 타입	A	B	C	D
Medium+ (#70~#73)	②	③	④	④
High- (#67~#70)	①	①	②	③
High+ (#60~#63)	③	②	①	①
City- (#57~#60)	④	④	③	②

〈생두 밀도 타입에 따른 적정 로스팅 포인트〉

밀도에 따른 로스팅 포인트(배전도)는 커피의 품종, 가공 방법, 재배 환경 등을 배제하고 오로지 로스팅의 대상물이 되는 생두를 분석해 유형별로 적정 포인트를 제시한 것이다. 도표에서 ①번으로 표시된 포인트가 타입별 최상점, ②번으로 표시된 포인트가 차선점, ④번으로 표시된 포인트는 비추천으로 해석하면 된다.

밀도가 높은 타입 D의 생두는 조금 진한 맛이 나는 City −(#57~60) 점까지 볶아도 맛과 향의 손실이 많지 않다. High +(#60~63) 시점까지 볶으면 부드러운 신맛과 단맛을 즐길 수 있지만, Medium 정도로 약하게 볶으면 발현이 덜 되어 신맛이 강하게 나고 풋내와 같은 미발현 원두 향이 날 수 있다. 반대로 타입 A처럼 밀도가 낮은 생두를 City 지점까지 강하게 볶으면 좋은 맛과 향은 모두 타서 사라지고 강한 쓴맛과 떫은맛의 커피가 된다.

계속 강조하지만 커피를 볶는다는 것은 콩을 잘 익힌다는 의미다. 내추럴 가공이나 무산소 가공 등 특수 가공한 생두들은 독특한 향미를 살리기 위해 대부분 약배전(시나몬~미디엄) 하는 경우가 많은데 이를 제외한 스페셜티나 상용 등급의 생두는 위에서 제시한 로스팅 포인트로 맞춰 배출하면 너무 덜 볶거나 더 볶아서 오는 잡스러운 맛을 피하고 무난한 결과물을 얻을 수 있다.

☕ 밀도 타입에 따른 로스팅 특징

밀도를 기준으로 생두를 분류하고 로스팅 적합도에 따른 맛과 향의 특징을 정리해보면 다음과 같다.

Type	특징	배전도	로스팅 적합도	맛과 향
A Type	생두의 표면이 연노랑에 가까운 색상을 띤다. 콩이 커도 가벼운 느낌이 들고, 생두를 잘라보면 조직이 치밀하지 않고 공극이 많다.	Medium + (#70~#73)	②	풋내가 거의 없으며 개성적인 향 표현이 가능하지만 단맛과 향이 부족하다.
		High − (#67~#70)	①	풍부한 단맛과 신맛을 느낄 수 있다. 균형감이 좋은 커피를 얻을 수 있다.
		High + (#60~#63)	③	단맛의 맛과 향은 살아 있지만 본연의 향기가 많이 사라져 다양성이 부족하다.
		City − (#57~#60)	④	기분 좋은 단맛과 신맛이 사라지고 쓴맛 성분이 지배한다.

Type	특징	배전도	로스팅 적합도	맛과 향
B Type	생두의 색이 흰색이나 밝은 녹색을 띤다. 육안으로 보기에는 콩이 단단해 보이지만 원두 조직이 단단하지 않고 약간 연한 특징이 있다.	Medium + (#70~#73)	③	약간의 풋내가 있을 수 있지만, A 타입에 비해 향이 조금 더 풍성하다.
		High − (#67~#70)	①	단맛과 신맛이 A 타입에 비해 훨씬 더 풍부하다. 원두의 모양이 약간 주름져 보이기도 한다.
		High + (#60~#63)	②	신맛은 옅어지고 단맛과 약한 쓴맛이 지배한다. 묵직한 향이 배어 나오는 지점이다.
		City − (#57~#60)	④	묵직한 맛을 느낄 수 있지만 전체적으로 맛과 향이 단조롭다.

Type	특징	배전도	로스팅 적합도	맛과 향
C Type	생두는 중간 정도의 녹색을 띤다. 고산지대에서 재배된 생두가 대부분이라 콩이 단단하고 센터컷이 약간 뭉그러져 보이기도 한다.	Medium + (#70~#73)	④	원두 표면에 주름이 많고 식초의 신맛과 같은 날카로운 신맛이 난다.
		High − (#67~#70)	②	신맛은 부드러워지고 단맛과 향도 잘 올라오지만 풍부한 느낌이 덜하다.
		High + (#60~#63)	①	단맛을 받쳐주는 기분 좋은 신맛과 다양한 향이 균형을 잘 이룬다.
		City − (#57~#60)	③	캐러멜 향이 진해지면 다크초콜릿의 진한 향으로 변해간다. 서서히 쓴맛이 지배하는 시점이다.

Type	특징	배전도	로스팅 적합도	맛과 향
D Type	진한 녹색을 띠며 육질이 단단하고 두껍다. 생두의 표면도 매끈한 편이다.	Medium + (#70~#73)	④	신맛이 지나치게 강조되어 시큼한 신맛과 풋내가 난다.
		High − (#67~#70)	③	원두의 주름이 많고 맛이 균형을 이룬 상태는 아니지만 개성적인 맛과 향을 느낄 수도 있다.
		High + (#60~#63)	①	단맛, 신맛, 바디감이 균형을 이루고 다양한 향기와 후미가 균형을 이루는 시점이다.
		City − (#57~#60)	②	진한 캐러멜 향과 밀크 혹은 다크초콜릿의 향미를 느낄 수 있고 어느 정도의 신맛도 뒷받침된다.

함수율과 밀도에 따른 화력 조절

지금까지 생두를 분석해 함수율과 밀도에 따라 유형을 나누는 방법을 알아보았다. 그렇다면 함수율과 밀도를 감안해 화력 조절을 어떻게 해서 콩을 볶아야 하는지 궁금할 것이다. 다음 제시하는 4X4 도표를 사용하면 콩을 투입해 익어가는 시점마다 화력을 어떻게 조절할지 미리 계획을 세울 수 있다.

구분	함수율 A (8~9%)	함수율 B (9~10%)	함수율 C (10~11%)	함수율 D (11% 이상)
밀도 A (1.0~1.10)	Input	Input	Input	Input
	T·P	T·P	T·P	T·P
	D·E	D·E	D·E	D·E
	1st	1st	1st	1st
밀도 B (1.11~1.15)	Input	Input	Input	Input
	T·P	T·P	T·P	T·P
	D·E	D·E	D·E	D·E
	1st	1st	1st	1st
밀도 C (1.16~1.20)	Input	Input	Input	Input
	T·P	T·P	T·P	T·P
	D·E	D·E	D·E	D·E
	1st	1st	1st	1st
밀도 D (1.20 이상)	Input	Input	Input	Input
	T·P	T·P	T·P	T·P
	D·E	D·E	D·E	D·E
	1st	1st	1st	1st

커피콩을 볶을 때는 투입(Input), 전환점(Turning Point), 옐로우 시점(Dry End), 1차 크랙(1st Crack), 2차 크랙(2nd Crack) 등 4~5번 정도의 화력 조절 시점이 온다. 콩을 많이 볶아본 전문가라면 드럼 안에 들어있는 커피콩의 상태를 확인하면서 화력 조절을 하겠지만, 초보 로스터가 그 감을 따라잡기는 어려운 일이다. 또한 로스팅 진행 시 너무 잦은 불 조절은 로스팅의 첫 번째 목표인 "맛과 향의 재현이 가능한가?"라는 물음에 답을 얻을 수 없다. 따라서 로스팅을 시작하기 전 각 구간마다 화력을 어떻게 조절할지 계획을 세우고 진행한다면 재현 가능성이 높아진다.

함수율을 설명할 때 강조했지만 함수율이 높은 생두(D Type)일수록 수분을 날리는 시간이 더 많이 필요하다. 함수율은 투입 온도와 전환점에서의 화력 조절을 결정할 때 적용하며 함수율이 높을수록 투입 온도를 조금 더 낮게 잡고 전환점에서의 화력도 약하게 잡는다. 만약 D 타입의 생두를 200도에 투입한다면, C 타입은 205도, B 타입은 210도, A 타입은 215도로 차이를 둔다. 전환점에서도 D 타입은 미압계 수치를 50으로 설정했다면, C 타입은 60, B 타입은 70, A 타입은 80으로 차이를 둔다. 여기서 말하는 수치는 로스터기 최대 화력을 100으로 봤을 때의 비율이다.

콩이 노란빛을 띠는 옐로우 시점, 즉 드라이 엔드 구간이 되면 이미 수분 날리기가 끝난 시점이기 때문에 이때는 콩의 내부로 열을 침투시키는 속도를 조절해야 한다. 바로 이 지점부터 밀도가 콩이 익어가는 속도에 관여하는 구간이다. 드라이 엔드 시점이 되면 밀도가 높은 D 타입의 생두일수록 화력을 약하게 잡는다. 콩의 내부로 열을 서서히 침투시켜주어야 발현이 잘 되어 부피가 커지기 때문이다. 이때는 드라이 엔드 시점까지 유지해오던 화력을 그대로 유지하거나 줄여 커피콩에 열이 충분히 전달되도록 한다. 보통은 전환점→드라이 엔드→1차 크랙 순으로 점점 화력을 줄여 로스팅하는 방법을 많이 사용한다. 그래야 드럼내 충분한 열량이 뒷받침되기 때문이다.

로스팅 프로파일

〈로스터기 버너의 불꽃〉

로스팅은 커피 생두를 드럼에 투입하는 순간부터 시작된다. 이 콩이 투입된 시점에서 배출되는 순간까지, 즉 열을 흡수하며 변해가는 과정 전체를 기록한 것이 로스팅 프로파일이다. 십여 년 전만 해도 로스팅 프로파일은 시간에 따른 온도 변화를 수기로 작성하고 로스팅 완료 후 그래프를 그려 비교해보는 것이 전부였다. 하지만 스캇 라오와 같은 선구자들에 의해 학문적으로 체계화되고 용어가 통일되었다. 로스터가 알아야 할 기본적인 로스팅 프로파일의 개념과 용어에 대해 알아보자.

☕ 로스팅 프로파일의 해석

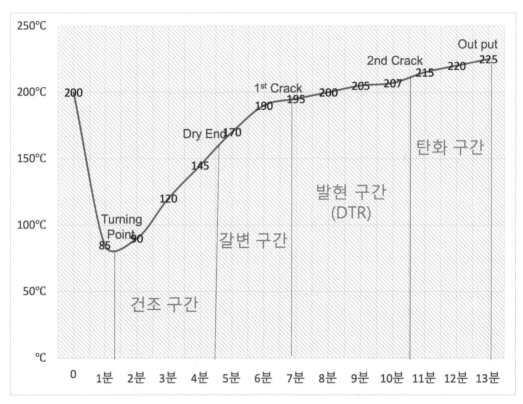

건조 구간

생두가 투입되고 2~3분 정도는 열의 흡수나 수분 방출이 활발히 일어나지 않는다. 그래서 불필요한 에너지 소모를 줄이기 위해 투입 시점부터 터닝포인트에 이르는 시간 동안은 버너를 완전히 꺼버리는 경우가 많다. 다만 겨울철 로스팅이나 첫 배치(Batch)의 경우 드럼 내부의 전체 열량을 고려해 미압계를 절반 혹은 그 이하로 열어 열을 공급하기도 한다. 전환점부터 생두의 수분이 어느 정도 증발해 연노랑 빛을 띠는 시점(옐로우 혹은 드라이 엔드)까지를 건조 구간이라고 부른다. 이 단계에서는 커피콩의 표면에서부터 안쪽으로 열이 침투하면서 수분 방출이 빠른 속도로 진행된다.

갈변 구간

수분이 증발하고 건조가 어느 정도 진행된 콩은 마이야르 반응 구간에 접어든다. 마이야르 반응은 당이 아미노산과 결합해 새로운 향미 물질을 만들어 내는 과정으로 커피의 향미 발현에 필수적이지만 아직까지는 이 마이야르 반응 구간을 조절해 원하는 향미 물질을 만들어 내는 방법에 대해서 확실히 알려진 바는 없다. 다만 너무 짧아도, 너무 길어도 좋지 않다는 추측만 할 뿐이다. 마이야르 반응이 끝나면 원두의 색상이 갈색을 띠면서 캐러멜화 반응 구간으로 접어든다. 캐러멜화 반응은 당의 단독적인 반응으로 갈변 물질, 방향족 화합물, 산 등이 생성되며 새로운 향미 물질을 만들어 낸다. 마이야르와 캐러멜화 반응에 대해서는 Chapter 2의 설명을 참조하기 바란다.

발현 구간

캐러멜화 반응이 진행되는 동안 압력이 증가한 원두는 약한 부분이 갈라지며 1차 크랙이 일어난다. 1차 크랙이 시작되는 시점에서 2차 크랙이 시작되는 시점까지를 발현 구간(Development Time Ratio)이라 부른다. 이 구간이 너무 길어지면 콩의 연료로 사용되는 당이 고갈되어 쓴맛이 지배하는 상황을 초래한다. 저온에서 장시간 로스팅을 진행하는 사람들 중 이 발현 구간을 길게 할수록 콩의 부피를 최대화시켜 좋은 맛과 향이 난다고 주장하는 경우도 있는데 이는 콩 내부의 화학 반응에 대한 이해도가 부족해서 그런 경우가 많다.

탄화 구간

에스프레소용 원두를 로스팅할 때 2차 크랙까지 진행하는 경우가 많은데 2차 크랙이 시작되면 커피콩은 탄화가 진행되어 탄 맛 구간으로 접어들고 강한 쓴맛이 난다. 아직까지도 대형 브랜드 커피의 경우 이 구간까지 볶는 경우가 많은데 소비자들의 입맛이 고급화됨에 따라 점차 줄어드는 추세에 있다. 2차 크랙까지 온 원두는 기름이 분출되고 조직이 다공질화 되어 쉽게 산패가 진행된다. 맛도 보관성도 크게 떨어지는 커피라고 할 수 있다.

☕ ROR(Rate Of Rise)에 대한 이해

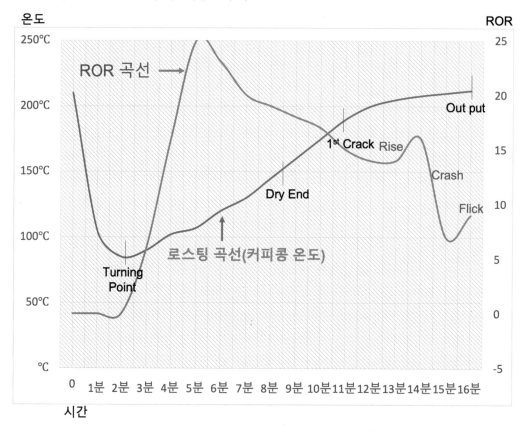

〈ROR 곡선과 반응 명칭〉

ROR 곡선은 시간당 온도 증가율을 말한다. 쉽게 말해 콩의 온도가 1분에 몇 도씩 증가하는지를 보여주는 그래프다. 수기로 작성하는 로스팅 프로파일의 경우에도 계산은 가능하지만, 아티산(Artisan) 또는 크롭스터(Cropster)와 같은 로스팅 전용 컴퓨터 프로그램을 활용하면 쉽게 계산이 가능하고 실시간으로 화면에 표시된다. 지금은 대부분의 로스터들이 로스팅 프로그램을 많이 활용하기 때문에 ROR의 개념을 알아본다.

ROR은 1분 단위로 변화하는 온도를 표시해 주는데, 30초 간격으로 측정된다. ROR의 값이 1분 동안 측정된 값이 5라면, 이것은 콩의 온도가 1분에 5도 정도 올라가고 있다는 것을 의미한다. 시간의 경과에 따라 커피콩의 온도 증가를 측정한다는 것은 로스팅 속도를 조절하는 데 굉장히 중요한 참고 자료가 된다. ROR 곡선은 도표처럼 로스팅 곡선과는 반대로 표시된다. 로스팅 곡선이 주축으로 설정되어 있고, ROR 곡선이 보조 축으로 설정되어 있기 때문이다. 대부분의 전문가들이 권장하는 상승률은 30초당 5도, 1분당 10도 정도이며, 이 정도의 속도를 유지하면 일정한 로스팅 속도를 유지하면서 제어가 쉽기 때문이다. 상승률을 보면 건조 구간, 가변 구간, 발현 구간 등 각 로스팅 구간이 얼마나 빨리 진행되었는지 알 수 있고, 과다 또는 과소 열로 인해 발생하는 문제들을 파악할 수 있다.

ROR Crash(ROR 곡선의 급격한 하락세)

〈ROR 곡선과 반응 명칭〉 표의 ROR 곡선에서 로스팅 후반에 급격히 수직 하락하는 추세선을 볼 수 있는데 이를 'Crash'라고 한다. 크래쉬는 일반적으로 1차 크랙 초반에 나타나는데 이렇게 급격히 ROR 곡선이 하락하면 단맛과 산미는 줄고 베이크드(Baked)한 향이 베일 수 있다. 크래쉬 현상이 발생했다고 해서 모든 커피가 탄 맛이나 베이크드한 맛이 나는 것은 아니다. 커피를 빠른 시간 동안 약하게 볶는 '노르딕(Nordic)' 로스팅의 경우 크래쉬 현상이 로스팅 말미에 나타나기 때문에 베이크드한 향이 배지 않는 상태로 볶아낼 수 있다. 이런 경우에는 투입 온도부터 각 로스팅 지점의 온도를 선제적으로 잘 관리해야 한다.

ROR Flick(ROR 곡선의 갑작스러운 상승세)

〈ROR 곡선과 반응 명칭〉 표의 ROR 곡선 마지막을 보면 크래쉬 현상 다음에 바로 ROR 곡선이 급 상승하는 현상을 볼 수 있는데 이를 'Flick'이라고 한다. 플릭은 일반적으로 ROR 크래쉬 다음에 나타나고, 플릭의 그래프가 급경사를 이룰수록 탄 맛과 향이 강해지는 경향이 있다.

☕ ROR 곡선은 부드러운 하향 추세선이 최고

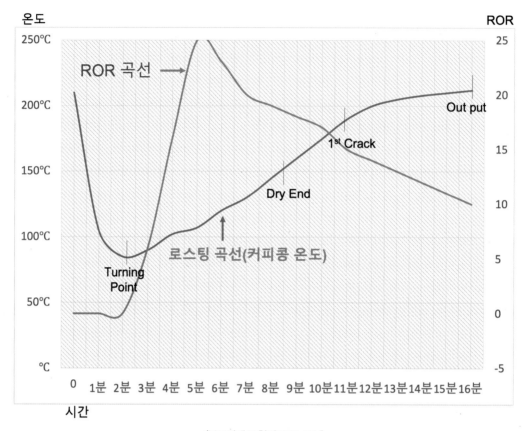

〈부드럽게 표현된 ROR 곡선〉

〈ROR 곡선과 반응 명칭〉 표와 비교했을 때 〈부드럽게 표현된 ROR 곡선〉 표는 ROR 곡선이 완만하게 하향 곡선을 그리고 있고, 로스팅 후반에 크래쉬나 플릭 현상이 일어나지 않는 것을 알 수 있다. 이렇게 곡선이 부드럽게 떨어지면 콩의 내부까지 열이 골고루 침투해 잘 발현되었다고 볼 수 있다. 곡선이 이와는 다르게 요동치거나 크래쉬, 플릭 현상이 나타나도 좋은 결과물을 얻는 경우도 있는데 이는 정말 맛과 향이 뛰어난 혹은 품질이 좋은 콩을 로스팅했을 경우다. 그 외에는 대부분 추세선이 완만하게 떨어지는 경우에 좋은 결과물을 얻을 수 있다. 곡선을 부드러운 하향 추세로 유지하려면 로스팅 각 지점마다 선제적으로 가스압을 조절해야 한다. 소형 로스터기가 아닌 중형 로스터기나 이중 드럼 로스터기의 경우에는 터닝포인트에서 충분한 열량을 주고 드라이 엔드 시점, 1차 크랙 시점에서 점차 화력을 빼주는 형태로 로스팅하면 ROR 곡선을 부드러운 하향 추세선으로 만들 수 있다. 로스터기마다 특성과 화력이 다르기 때문에 수십 번 혹은 수백 번의 연습을 통해 추구하는 형태를 만들 수 있어야 한다.

☕ DTR(발현 구간)

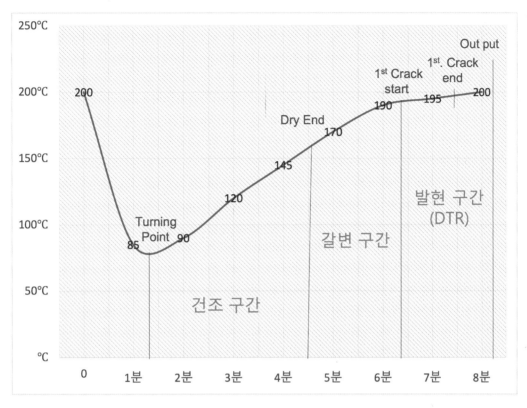

발현 구간(Development Time Ratio)은 1차 크랙 시작점에서 배출 시점까지의 시간을 말한다. 로스팅에서 'Develop'은 향미 발현을 의미한다. 사실 커피의 향미 발현은 건조 구간이 지나고 시작되는 갈변 구간 즉, 메일라드 반응이 시작되는 시점부터 시작된다. DTR을 계산하는 방법은 다음과 같다.

$$DTR(\%) = \frac{\text{디벨롭 시간}}{\text{전체 로스팅 시간}} \times 100$$

이 DTR을 20~25%를 맞춰야 균형감 있는 커피가 된다고 주장하는 사람도 있고, 20% 이내로 맞춰야 한다고 주장하는 사람도 있다. 하지만 DTR은 단순한 시간 비율로 온도 조절을 통해서 이 비율을 길게 혹은 짧게 조절할 수 있기 때문에 비율로 나타내는 숫자를 너무 맹신하지 말고 참고 자료 정도로 활용하면 동일한 결과물을 만들어내는 데 많은 도움이 된다.

☕ RPM(드럼의 회전 속도)

로스터기 드럼의 분당 회전수를 RPM이라고 한다. 이 속도는 드럼 내부 반지름과 배치 용량에 근거해 제조사가 결정하는 경우도 있고, 사용자가 RPM을 임으로 조절해서 사용할 수 있도록 제작하는 경우도 있다. 적절한 RPM은 원활한 콩의 교반을 통해 표면의 그을음을 방지하고 고른 로스팅을 가능하게 한다. 회전 속도가 너무 느리면 콩이 드럼벽에 닿는 시간이 많아 그을릴 가능성이 높고, 너무 빠르면 공기의 흐름이 빨라져 열을 많이 빼앗길 수도 있다. 볶는 양이 적을수록 회전 속도를 느리게 하는 것을 권장한다. 로스팅 초반에는 회전 속도를 느리게 하다 건조 구간 이후에 점진적으로 회전 속도를 빠르게 하면 콩이 더 팽창(부피가 커짐)하는 효과를 줄 수 있다. 로스터기의 용량이 5kg 미만인 것은 분당 60회, 10kg 이상인 것은 분당 50회 내외로 회전수가 세팅되어 있지만 제조사마다 다르므로 로스터기 구입 시 분당 회전수나 조절 여부를 확인하는 것이 좋다.

☕ 배전 용량(Batch Volume)

로스터기 제조사는 적정 용량을 계산할 때 시간당 3~4회 정도 배전이 가능하다는 가정하에 계산한다. 시간당 4kg, 5kg…, 10kg… 등으로 표시하는 방식인데 시간당 생산량이 높아야 효율성이 높은 기계로 인정받는다. 또는 드럼에 들어가는 콩의 최대 용량을 기준으로 표시하기도 하는데 1.5kg, 3kg, 5kg… 등으로 표시하는 것은 드럼에 최대로 넣을 수 있는 콩의 무게를 말한다. 제조사에서 제시하는 최대 용량보다는 더 많은 양의 콩을 넣을 수도 있지만 용량이 초과(Over-Charging)되면 화력과 에어 플로우(Air Flow)가 뒷받침되지 않기 때문에 고른 로스팅이 불가능하다. 전문가들이 권하는 가장 안정적인 배전 용량은 최대 용량의 80% 정도다. 자신이 사용하는 로스터기가 2kg이 최대 용량이라면 1.6kg 이하로 볶아야 안정적인 열 공급을 통해 좋은 결과물을 얻을 수 있다는 의미다. 반대로 로스팅이 가능한 최소 용량은 10% 정도다. 물론 이보다 더 적은 용량의 콩을 넣고 볶아도 로스팅은 가능하다.

에어 플로우(Air Flow)

〈로스터기 댐퍼를 완전히 닫았을 때: 불꽃이 드럼으로 빨려 들어가지 않는다.〉

〈로스터기 댐퍼가 중점일 때: 불꽃의 절반이 드럼으로 빨려 들어간다.〉

〈로스터기 댐퍼를 완전히 열었을 때: 불꽃이 전부 빨려 들어간다.〉

로스터기는 열이 공기의 움직임을 유발하기 때문에 로스팅 중에 항상 에어 플로우가 유지된다. 에어 플로우는 열전달, 가스 연소, DTR에 많은 영향을 준다. 로스팅 전 에어 플로우 세팅은 사진처럼 샘플러를 뺀 후 라이터 불꽃을 대면 확인할 수 있다. 라이터 불꽃이 드럼에 빨려 들어간다면 에어 플로우가 중점이고, 라이터 불꽃이 빨려 들어가지 않는다면 댐퍼가 닫혀 에어 플로우가 자연스럽게 일어나지 않고 있다는 증거다. 또한 샘플러 구멍에 라이터 불꽃을 대자마자 불이 훅 빨려 들어가며 꺼져 버린다면 공기의 흐름이 너무 빠르다는 의미다.

에어 플로우는 로스팅 초반에는 느리게 하거나 중간 정도로, 로스팅 후반에는 빠르게 세팅하는 것이 좋다. 커피콩에서 채프, 미세먼지, 연기 등이 발생하면 에어 플로우를 빠르게 해야 적절한 배출이 이루어지기 때문이다.

에어 플로우가 너무 느리면 대류에 기반한 열전달이 충분이 이루어지지 않아 낮은 온도로 로스팅이 진행된다. 이렇게 볶은 커피는 Baked, Flat, Ash 등 좋지 않은 플레이버가 나타난다. 반대로 에어 플로우가 너무 빠르면 콩의 가장자리가 그을리는 Tipping 현상이 일어나고 너무 짧은 로스팅으로 인해 발생하는 시큼한 신맛(Sourness)이 나기도 한다.

에어 플로우는 댐퍼를 열고 닫거나 가변 팬의 속도 조절을 통해 가능한데, 대부분의 로스터기가 가변 팬 기능이 없기 때문에 댐퍼로 조절하는 경우가 많다. 로스팅 초반에 댐퍼를 많이 열어 에어 플로우를 빠르게 하면 수분을 너무 빨리 날려버려 플레이버 노트를 잃어버리는 결과를 초래한다. 따라서 로스팅 초반에는 콩이 충분한 흡열을 할 수 있도록 댐퍼를 중간 이하로 설정해 마이야르 반응, 스트래커, 열분해와 같은 화학 반응이 충분히 이루어지도록 해야 한다. 드라이 엔드 시점이 되면 댐퍼를 열어 자유수 방출을 돕고 이후에 발생하는 연기와 채프 등의 배출을 원활하게 한다.

에어 플로우 속도 조절도 일률적인 규칙은 아니다. 자신의 로스팅 스타일에 따라 구간별로 느리게 혹은 빠르게 조절하면서 사용하면 된다. 일부 로스터들은 내추럴 커피를 로스팅할 경우 1차 크랙 전에는 에어 플로우를 느리게 해 최대한 전도열로 볶고 1차 크랙 이후에 빠르게 조절하는 방법을 쓰기도 한다. 이렇게 하면 내추럴 커피 특유의 Fruity, Sugar 향미를 더 증진 시킬 수 있기 때문이다.

로스팅 피드백

커피가 훌륭한 맛을 내게 하는 로스팅 방법은 전 세계 로스터의 수만큼 많다. 로스팅 유형을 일반화시켜 해석하는 게 무리일 수도 있지만, 잘못된 로스팅으로 만들어진 곡선은 어느 정도 해석이 가능하다. 실수를 반복하지 않기 위해 Bean Profile과 ROR 곡선의 몇 가지 유형을 보면서 원인과 대책을 살펴보자. 다음은 같은 양의 커피를 화력과 시간을 다르게 했을 때 나타나는 결과물에 대한 해설이다.

Bean Profile로 본 로스팅 유형

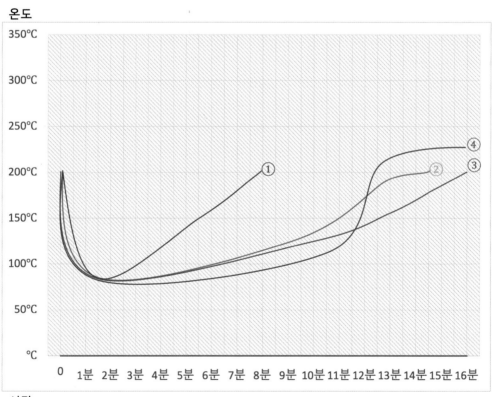

① 강한 열로 빨리 볶아내는 방법(High Temperature Short Time Roasting)

터닝포인트 이후 화력을 강하게 주고(낮추거나 높이지 않음) 빠른 속도로 볶다 원하는 로스팅 포인트가 되었을 때 배출한 경우다. 다른 로스팅 방법에 비해 시간이 절반 정도 절약되었다. 풀시티 이상의 강배전으로 볶아낸다면 어느 정도 신맛을 살릴 수 있는 장점은 있지만, 커피콩 내부의 충분한 화학 반응 시간을 이끌어내지 못했기 때문에 맛과 향의 균형은 포기해야 한다. 겉은 타고 속은 덜 익는 방법이다.

② 따라잡기(Catching Up) 방법

로스팅 초반에 열을 제대로 주지 않다 중반 이후 급작스럽게 열을 주는 경우로 대부분 로스터가 딴 일을 하다 초반 불 조절을 잊어버린 경우다. 이렇게 로스팅을 하면 원두는 잘 부푼 것처럼 보이지만 향도 가볍고 단맛이 거의 없는 커피가 된다. 분필 가루를 흡입한 것처럼 텁텁한 맛이 난다면 이와 같은 프로파일일 가능성이 높다.

③ 약한 열로 천천히 볶아내는 방법(Low Temperature Long Time Roasting)

충분한 예열 후 화력을 최소로 가해 로스팅 속도를 늦춰 시간을 길게 하는 방법이다. 터닝포인트에서 낮은 화력을 가해 수분 날리기를 천천히 진행시키면서 1차 크랙에 도달할 때까지 약 50% 정도의 열을 유지한다. 1차 크랙 전에 화력을 높여 로스트 프로파일의 목표 시간과 최종 온도가 되면 로스팅을 마친다. 이 방법으로 로스팅하면 1차 크랙 소리가 작고 가볍게 들린다. 수분 날리기와 메일라드 반응 구간을 길게 해주기 때문에 캐러멜과 초콜릿이 향미를 살릴 수 있지만 커피의 개성을 많이 잃어버려 밍밍한 맛의 커피가 될 가능성이 크다.

④ 에스 커브 테크닉(S-Curve Technic)

이 방식은 커피의 장점을 모두 날려버리는 가장 최악의 방법이다. 로스팅 초기에 화력을 끄고 잠열로 로스팅하다가 로스팅 1/3 지점에서 50% 정도의 열량을 주고 1차 크랙이 시작되면 최대 화력을 주어 목표 지점에 이르면 로스팅을 마치는 방법이다. 이렇게 로스팅된 커피는 이끼, 퇴비, 흙냄새가 강하게 나며, 밍밍하고 청량감이 없다. 에스 커브 테크닉은 커피 원두의 단맛을 없애고 맛없는 갈색 물로 변화시키는 형편없는 로스팅 기법이다.

☕ ROR Profile로 본 로스팅 유형

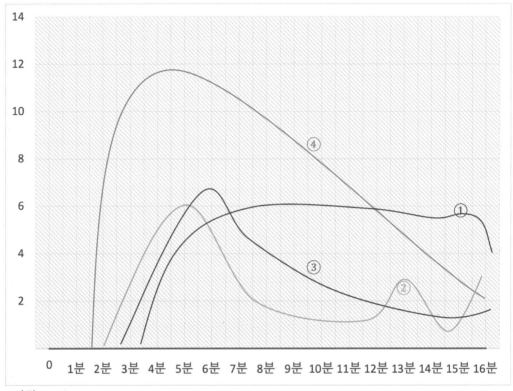

① 수평선형

상당히 긴 구간 동안 ROR 곡선이 수평을 유지하는 경우다. 이렇게 로스팅하면 단맛이 파괴되고 밋밋하고 단조로운 커피가 된다.

② 파도형

로스팅 후반에 급격히 솟아올랐다가 떨어지기를 반복하는 경우다. 커피콩이 충분히 발현되지 못해 커피에서 베이크드한 향미가 난다.

③ 반등형

온도 상승률이 낮게 유지되다가 로스팅 후반에 반등하는 경우다. 온도가 낮게 유지되면 커피콩의 온도가 더 이상 상승하지 않거나 더디게 상승하기 때문에 베이크드를 넘어 스모키한 커피가 된다. 좋은 단맛은 기대하기 힘들다.

④ 지속형

로스팅은 초반에 온도 상승률이 가파르게 오르다가 로스팅이 진행됨에 따라 점차 완만하게 떨어져야 한다. 로스터는 이 온도 상승률을 지속적으로 줄어들게 만들어야 좋은 결과를 얻을 수 있다. 로스팅이 진행되는 중간에 온도 상승률이 높아지면 커피콩이 제대로 부풀지 않고 단맛을 많이 잃게 된다.

☕ 커피콩 표면과 내부의 온도 차

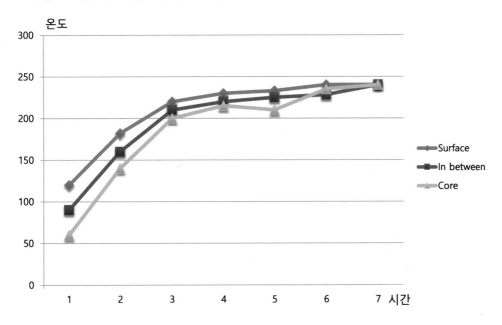

온도 상승률이 지속적으로 감소해야 좋은 결과물을 얻어낼 수 있는 것은 콩의 외부 온도와 내부 온도의 차이에서 오는 온도 차 때문이다. Chapter 2에서도 한 번 살펴보았지만, 위 그래프처럼 로스팅 초기에는 외부 온도와 내부 온도의 격차가 크다가 뒤로 갈수록 상승률이 줄어들어야 내부 발현이 잘된다. 로스팅 초반에 충분한 열량을 공급해야 커피콩 내부까지 충분한 열량이 공급될 수 있다. 만약 초반에 열량이 부족하면 부족했던 열전달을 보충하기 위해 로스팅 시간이 더 길어지고 많은 향미를 잃을 수 있다.

균일한 로스팅을 위한 방법

로스팅의 첫 번째 목표는 커피콩을 잘 익히는 것이고, 두 번째 목표는 균일한 결과물을 얻어내는 것이다. 지금은 로스팅 환경이 좋아져서 로스팅 프로토콜을 컴퓨터가 기록해주고 데이터화된 자료로 보여주지만 매번 완벽한 결과물을 얻어내지는 못한다. 필자가 심사위원장으로 있는 골든커피어워드(Golden Coffee Award)에 원두를 출품해 최고의 상을 받은 로스터들이 자신이 했던 로스팅을 100% 재현하지 못해 아쉬워하는 경우를 많이 보았다. 콩을 볶는 간단한 작업이 실은 여러 가지 변수에 의해 영향을 많이 받기 때문이다. 이런 변수들을 조절할 수 있다면 어느 정도 일정한 로스팅이 가능하다. 재현 성공률을 높이는 요소에 대해 알아보자.

☕ 생두 보관

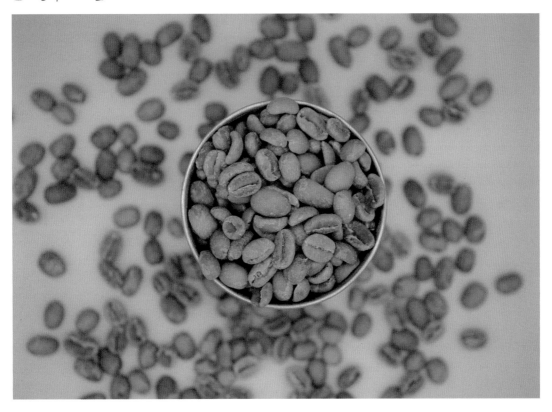

한때 난방이 잘 안되는 옥탑방에서 커피 교육과 로스팅을 하던 시절이 있었다. 봄, 여름, 가을에는 큰 문제가 없는데 기온이 영하로 떨어지는 겨울에는 좋은 로스팅 결과물(특히 균일한 결과물)을 얻어내기가 정말 어려웠다. 밤새 저온에 노출된 생두는 동일한 투입 온도 혹은 더 높은 온도에 투입해도 드럼 내부의 열을 많이 빼앗게 되고, 콩의 외부와 내부의 온도 차가 커서 콩 내부가 덜 익는 '언더 디벨롭(Under Development)' 현상이나 콩의 약한 부분이 검게 타는 '치핑(Chipping)' 현상이 일어날 수 있다. 생두는 16~27℃ 정도의 상온에서 보관하는 것이 좋다.

☕ 로스터기 예열

로스터기 예열이 중요한 것은 그날 첫 번째 로스팅의 성패가 예열에 의해 좌우되기 때문이다. 로스터기의 드럼 내부에 열이 충분히 축적되도록 여러 번 반복해서 하는 것이 좋다. 단일 드럼의 경우 빨리 데워지고 빨리 식기 때문에 이중 드럼보다 열을 올리고 내리는 과정을 더 자주 해야 한다. 특히 기온이 영하로 떨어지는 겨울철에는 예열에 더 신경을 써야 한다. 필자가 여러 로스터기를 경험해 보면서 느낀 안정적인 예열 방법은 다음과 같다.

① 최대 화력의 50%로 버너 압력계를 맞추고 투입 온도가 될 때까지 예열한다.

② 투입 온도에 도달하면 버너를 끄고 3분간 공회전한다.

③ 3분이 지나면 버너를 다시 50%에 맞추고 투입 온도 + 20℃가 될 때까지 예열한다.

④ 목표 온도에 도달하면 버너를 끄고 다시 3분간 공회전한다.

⑤ 3분이 지나면 버너를 30%에 맞추고 투입 온도 + 10℃가 될 때까지 예열한다.

⑥ 버너를 끄고 3분 정도 공회전한다.

⑦ 3분이 지나면 버너를 50%에 맞추고 투입 온도까지 올린 다음 첫 번째 로스팅을 시작한다.

* 겨울철의 경우 ⑤~⑥ 과정을 2~3회 더 반복한다.

이렇게 로스터기를 예열하면 충분한 열이 드럼 내부에 축적되어 첫 번째 로스팅의 실패 확률이 줄어든다. 로스팅이 반복될수록 좋은 결과물을 얻을 수 있는데 그 이유는 드럼 내부에 열이 충분히 축적되어 생두에 잘 전달되기 때문이다. 따라서 그날의 로스팅 시작을 원활하게 하고 싶다면 첫 번째 생두를 투입하기 전에 로스팅 머신 내부에 충분한 열이 축적되어 있어야 한다.

☕ 배치 간 프로토콜(Between Batch Protocol)

배치 간 프로토콜은 로스팅 간격을 어떻게 유지해야 안정적인 열에너지를 운영할 수 있을까 하는 문제이다. 급한 경우 배출 후 바로 연속 로스팅을 하지만 이렇게 하면 같은 결과물을 얻어내기 어렵다. 일정함을 유지할 수 있는 배치 간 프로토콜은 다음과 같다.

로스터기가 단일 드럼 혹은 용량이 작은 경우

① 로스팅을 마친 원두를 배출한 후 배출구를 닫고 버너를 '0(Zero)'으로 맞춘다.

② 투입 온도 −20℃가 될 때까지 기다린다.

③ 버너를 50%로 맞추고 열을 올려 투입 온도가 되면 다음 배치를 시작한다.

① 로스팅을 마친 원두를 배출한 후 배출구를 닫고 버너를 '0(Zero)'으로 맞춘다.

② 버너를 30%로 맞추고 투입 온도 +10℃가 될 때까지 기다린다.

③ 목표 온도가 되면 버너를 '0'으로 맞추고 투입 온도까지 내려가면 로스팅을 시작한다.

로스터기의 드럼이 이중이거나 용량이 큰 경우에는 드럼 내부의 열 보존성이 좋기 때문에 로스팅을 마친 후 버너를 끄고 기다려도 쉽게 열이 떨어지지 않는다. 따라서 −20℃가 될 때까지 기다리려면 너무 많은 시간을 허비하게 된다. 이런 경우에는 오히려 열을 가해 투입 온도보다 살짝 더 높은 온도에서 불을 끄고 투입 온도가 될 때까지 기다리는 것이 더 효율적인 열에너지 조절법이다.

투입 온도

투입 온도는 로스터기의 용량이나 투입하는 생두의 용량에 따라 제조사마다 권장 온도가 다르다. 로스터기를 구입할 때 제조사가 제시하는 용량별 투입 온도를 따르는 것이 가장 좋은 방법이다. 만약 이런 사전 정보 없이 로스터가 스스로 투입 온도를 설정해야 하는 경우라면 다음과 같은 방법을 활용한다. 5kg 이하의 소형 로스터기의 경우에는 최대 용량을 투입했을 때 터닝포인트가 80~90℃가 되는 시점이 가장 좋은 투입 온도라고 할 수 있다. 만약 5kg 용량의 로스터기에 투입 온도를 200℃로 설정하고 생두 5kg을 투입한 후 2~3분 정도가 지나 터닝포인트로 기록되는 시점이 80℃ 이하였다면 투입 온도가 낮다고 볼 수 있다. 이런 경우에는 최대 화력으로 로스팅을 시작해도 생두의 수분을 증발시키는데 필요한 충분한 열량을 확보하기까지 많은 시간이 소요된다. 따라서 투입 온도를 10℃ 더 높여 210℃에서 시작해 터닝포인트가 80℃ 이상이 되도록 하는 것이 좋다.

Chapter 4

로스팅
커피 향미 평가

초보 로스터 시절 갓 볶은 신선한 커피를 병에 담아 전시해 놓고 "원두 판매"라는 문구를 현관에 붙이고 뿌듯한 마음으로 손님을 기다렸다. 그런데 원두를 구매하려는 손님들이 대부분 "이 커피는 어떤 맛이에요?"라고 물었다. 그 당시만 해도 커피의 맛과 향을 평가하는 커피 감별 혹은 센서리 영역이 체계화되지 않아서 손님에게 차이점을 설명하는 게 굉장히 난감했다. 로스터는 객관적인 평가를 통해 자신이 볶은 커피의 맛과 향에 대해 누구보다 잘 알고 있어야 한다. 이를 위해 필요한 기술적, 감각적인 영역이 바로 '커핑(Cupping)'이다. 커핑은 커피의 기본 향미인 프레그런스, 아로마, 단맛, 신맛, 바디, 여운, 균일성과 클린 컵을 평가해 각각의 커피 개성을 경험할 수 있는 가장 순수한 방법이다.

커핑에 학문적인 기초를 세우고 전파한 것은 '스페셜티커피협회(SCA)'다. 이 기관의 커핑 시스템을 이해하지 못하고 커핑을 한다는 것은 모래 위에 건물을 세우는 것과 같다. 이번 장에서는 커피의 향미를 세계 공통의 콘텐츠로 만들고, 객관적인 기준을 제시한 스페셜티커피협회의 커핑 시스템에 대해 먼저 알아보고 실제 로스팅 현장에서 간편하게 적용할 수 있는 커핑 방법에 대해서도 살펴 보자.

커피의 향미란 무엇인가?

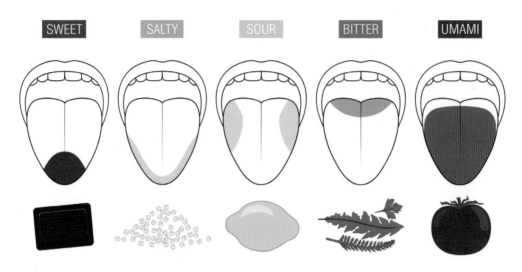

〈혀에서 맛을 느끼는 부분〉

커피 향미는 매우 복합적인 요소다. 아주 오래전 커피 연구를 위해 원자 분석기가 있는 회사와 공동 연구를 진행한 적이 있었다. 일반적인 분석기로 측정할 수 있는 커피 향미 성분은 500종 정도이며, 원자 분석기로 측정할 수 있는 성분은 1,000여 종에 달한다고 한다. 사람의 감각으로는 겨우 몇십 종, 많아야 백여 종의 향미 성분 밖에 분별해내지 못한다. 사람은 커피 향미를 구강 혹은 후각으로 인지하고 이를 뇌에 전달해 기존의 기억과 비교한 후 특정 언어로 묘사한다. 사람이 입과 코로 느끼는 감각은 다음과 같다.

☕ Taste(미각)

일반적으로 '맛'은 입안에서 발생하는 감각을 말한다. 커피에서의 미각은 추출된 커피에 대한 생리 화학적 시스템에 의한 감각을 말한다. 커피의 화학적 물질은 당, 오일, 산의 혼합물, 카페인, 클로로겐산 등과 같은 유기 물질과 미네랄 등의 무기 물질로 구성된다. 유기 물질은 단맛, 신맛으로 표현되는 성분이며, 무기 물질은 짠맛, 떫은맛으로 표현된다. 커피는 미각과 함께 후각, 촉각, 자극과 같은 다른 감각을 동시에 일으키는 음료로 이런 복합적인 감각을 지각적으로 분리하는 것이 쉬운 것은 아니지만 커핑을 익히기 위해서는 구분해서 연습할 필요가 있다.

쓴맛

커피의 쓴맛 성분은 클로로겐산 락톤류, 비닐카테콜 오리고마, 퀸산, 카페인, 푸르푸릴카테콜 등이다. 쓴맛은 주로 혀 뒤쪽의 유곽유두에서 인지하는데 쓴맛 성분은 아주 적은 양일지라도 예민하게 감지된다. 커핑에서 쓴맛에 대한 평가는 부정적인 이미지가 강해 점수에 반영하지 않는 경우가 많다. 아마도 쓴맛과 신맛은 불쾌한 맛이고, 불쾌한 맛은 인체에 유독한 물질로 인식해 자연적으로 피하도록 인체의 감각이 진화했기 때문일 것이다. 또한 SCA 태동기에 커핑 용어를 정리했던 주역들이 약배전을 중시하던 보스턴 조지 하웰 그룹이었기 때문에 이들의 영향도 무시할 수 없다.

신맛

신맛 성분은 키나산, 카페산, 초산, 타르타닉, 말릭산 등이다. 커피에서 '산미(Acidity)'는 맛있는 의미로, '시다(Sour)'는 불쾌한 느낌으로 사용한다. 커피의 기분 좋은 산미는 사과처럼 새콤하고 세련된 사과산, 감귤류의 구연산, 키위 느낌의 키나산 등 복수의 유기산이 함유되어 있어 과일과 같은 좋은 신맛을 느낄 수 있다.

단맛

커피의 단맛은 로스팅 과정에서 생산되는 프라논류(Planon)가 만들어 내는 맛이다. 프라논류에는 프라네어(Planear)와 소트론(Sotron) 두 종류가 있다. 프라네어는 딸기나 파인애플의 달콤한 느낌을 주고, 소트론은 캐러멜이나 메이플 시럽 같은 달콤한 향을 낸다. 커피의 단맛 성분인 자당은 양이 적고 로스팅 과정에서 열분해되기 때문에 원두에 설탕의 단맛 같은 농도가 남지 않는다. 그래서 커피의 단맛은 프라논류가 선사하는 '풍미로서의 단맛'으로 인식해야 한다. 프라논류는 로스팅 시 중배전 부근에서 정점을 찍다 강배전으로 갈수록 감소한다.

짠맛

커피 생두에 짠맛 성분은 아주 극소량 존재한다. 하지만 종종 커피에서 짠맛이 느껴진다는 경우가 많은데 이것은 신맛의 강도가 지나쳐 짠맛으로 느껴지기도 하고, 강배전된 커피를 진하게 추출했을 경우 짠맛이 나기도 한다. 실제로 에스프레소를 추출해 염도를 측정하면 1% 내외의 염도를 보인다.

바디(Body)

바디는 우리말로 '우아미(감칠맛)'로 대체할 수 있다. 바디감의 핵심은 아미노산, 당, 오일 등을 함유한 식품이 지닌 감칠맛과 단맛의 풍부한 느낌이다. 커피의 바디감은 이러한 식품을 맛보며 학습한 식감을 커피를 머금었을 때 자연스레 연상되는 느낌이라 말할 수 있다. 바디는 농도와 지속성으로 평가되기 때문에 우리나라에서는 "깊고 진한 맛"으로 표현하기도 한다.

마우스필(Mouthfeel)

우리말로 쉽게 표현하면 "입안의 감촉" 정도인데, 감촉은 입안의 촉감이 전하는 텍스처(Texture)의 일부다. 커피의 마우스필이란 입안의 밀도, 점성, 표면 장력 정도로 설명할 수 있다. 커피 액체에서 마우스필 성분은 음료 속에 떠 있는 융해되지 않은 지방 성분과 섬유질과 같은 침전물에 기인한다.

Flavor(플레이버)

플레이버는 후각과 미각을 조합한 복합적인 삼차 감각이다. 즉 플레이버는 맛과 향 모두를 의미한다. 우리가 커피를 마시면서 연상되는 것 그것이 바로 커피의 플레이버인데, 만약 커피를 마시면서 '캐러멜'이 연상된다면 캐러멜의 단맛과 향기가 느껴지고 연상되기 때문이다. 플레이버는 단순히 향기 혹은 맛을 통해서만 표현되는 것이 아니라 맛과 향을 모두 포함한 개념이다. 커피의 플레이버 종류에 대해서는 플레이버 휠을 설명하면서 자세히 알아본다.

Olfaction(후각): Orthonasal vs Retronasal(들숨 vs 날숨)

냄새는 인식되는 경로에 따라 두 가지로 나뉘는데 '들숨(Orthonasal)'과 '날숨(Retronasal)' 아로마다. 들숨 아로마는 숨을 들이쉴 때 콧구멍으로 흡입되는 공기와 함께 들어오는 냄새를 지각하는 것을 말한다. 날숨 아로마는 음식물이 입안에 들어있는 상태에서 숨을 내쉴 때 구강에서 비강으로 흘러가는 공기의 냄새를 맡는 것을 말한다. 두 냄새 중 개와 같은 동물은 들숨 아로마에 많이 의존하는데, 그 이유는 짐승들은 머리가 땅에 가까워 시각보다는 후각에 더 많이 의존하게 되어 후각이 외부 정보를 받아주는 주 정보가 된다. 그래서 숨을 한번 들이쉴 때 되도록이면 많은 정보를 얻을 수 있도록 진화한 것이다. 사람은 반대로 시각에 많이 의존하게 되면서 시야로 들어오는 정보를 더 많이 처리해야 하기 때문에 들숨 아로마보다는 날숨 아로마에 더 민감하게 반응하게 되었고, 진화 또한 코는 짧아지고 눈은 튀어나오는 구조가 된 것이다.

구강과 비강의 구조가 바뀌면서 숨을 쉴 때 구강 속의 공기가 비강 속으로 훨씬 쉽게 넘어가도록 바뀌었다. 이로 인해 음식을 입안에 머금고 있을 때 입속의 음식 냄새가 비강에 있는 후각 상피를 통해 후각 신경으로 전달되었고 이 정보가 다시 미각 신경을 통한 맛의 정보와 융합되어 음식의 '향미(Flavor)'를 다른 어떤 동물보다도 잘 느끼게 된 것이다. 결과적으로 개와 사람을 비교해보면 공기 중에 섞여 있는 외부 냄새는 개가 훨씬 잘 느끼지만, 입속에 들어온 음식의 맛과 향을 사람이 훨씬 더 잘 느낀다.

커핑을 할 때 'Fragrance' 항목과 'Flavor' 항목을 나눠 평가를 하는데, 프래그런스는 말 그대로 숨을 들이쉴 때 들어오는 들숨 아로마를 평가하는 것이다. 이때 느끼는 향기가 주로 휘발성 향기다. 플레이버는 커피를 한입 머금고 날숨 아로마로 느껴지는 맛과 향을 평가하는 것으로 후각과 미각이 서로 혼동되는 '공감각'의 일종이다.

코로나가 한창인 요즘 코로나 혹은 감기에 걸리면 내쉬는 숨이 비강으로 흐르지 않아 날숨 아로마를 느끼지 못하게 된다. 이런 상태가 되면 매일 먹어서 익숙한 음식도 무슨 맛인지 못 느끼게 된다. 그래서 코로나에 걸리면 미각을 잃는다는 말이 나오는 것이다.

커핑을 할 때 휘발성 향을 맡는 Fragrance, 물에 적신 향을 맡는 Aroma, 커피를 머금었을 때 느껴지는 맛과 향 Flavor를 왜 구분해 두었는지 이 기회를 통해 이해하기 바란다.

☕ Aftertaste(후미)

후미는 음료를 삼키거나 뱉은 후에 입안에 남아있는 잔여물로부터 느껴지는 향을 말한다. 커피의 향은 네 가지로 구분된다. 분쇄된 커피에서 느껴지는 Dry Fragrance, 추출할 때 물에 적시면 올라오는 Wet Aroma, 커피를 마실 때 커피 액체와 함께 올라오는 Nose Derived, 커피를 삼킨 후 느껴지는 Aftertaste이다. 각각의 요소는 저마다 다른 방향적 속성을 지니기 때문에 이 모두가 합쳐져 커피의 프로파일이 완성되는 것이다.

향미 인지 과정

커피에 포함된 특정 성분은 코와 혀를 자극해 후각 또는 미각 세포에 전해진 자극이 뇌로 전달되어 기존의 경험치와 비교 분석되면서 맛과 향을 인지한다. 맛과 향을 능숙하게 구분하려면 미각과 후각을 훈련하는 과정이 필요하다. 커핑은 커피 향미를 구별하고 표현하는 과정이다. 이를 객관적이고 명확하게 표현하기 위해서는 다양한 향미를 반복적으로 경험하고 이를 뇌에 저장하는 경험치 기록 학습이 필요하다. 그래야 처음 맛보는 커피에서도 이전에 경험한 맛과 향의 특징을 찾아내 비교하는 일이 수월해진다. 커핑을 공부할 때 가장 어려운 점이 바로 이 경험치를 쌓고 비교해 글이나 말로 표현해 내는 일이며, 많은 연습만이 경험치를 축척해 해결할 수 있다.

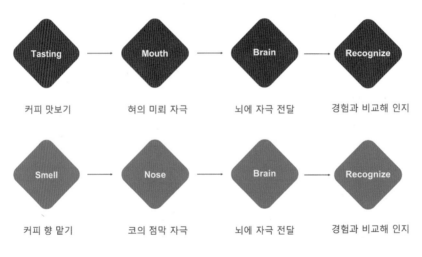

〈향미 인식 과정〉

☕ 아로마 키트(Aroma Kit)

커피의 향미 평가는 후각의 영향을 많이 받는다. 그래서 커핑을 공부할 때는 후각 훈련을 많이 하게 된다. 후각 훈련을 위해서 필요한 도구가 바로 아로마 키트다. 커피 업계에서 많이 사용하는 아로마 키트는 프랑스의 조향사 장 르느와르(Jean Lenoir)가 만든 '르네 뒤 카페(Le nez du café)'다. 커피에 접목이 가능한 36가지 향 샘플을 액체 상태로 만들어 병에 담은 것으로 국내에서 향미 훈련을 하거나 평가할 때 많이 사용한다.

〈르네 뒤 카페 아로마 키트〉

아로마 키트에서 제공하는 향은 유기 반응군(Enzymatic), 당의 갈변화 반응군(Sugar Browning), 건열 반응군(Dry Distillation), 향 결점군(Aromatic Taints)으로 구분해 각각의 영역별로 9가지 샘플을 만들어 총 36가지 향 샘플을 제공한다. 영역별 향 종류와 샘플 병의 번호는 아래 자료를 참고하기 바란다.

반응군	특징	향미 종류	샘플 번호와 명칭	특성
Enzymatic (유기 반응)	커피가 유기 생물로 살아 있을 때 내부에서 일어나 는 유기 반응(효소 반응)을 통해 생성되는 향으로 가벼운 향기 특성이 있다.	Flowery (꽃 향)	#12. Coffee Blossom (커피 꽃)	오렌지 꽃, 자스민과 유사
			#11. Tearose (월계화)	다마스커스 장미과의 향
			#19. Honyed (꿀)	아카시아꿀에 가까운 향
		Fruity (과일 향)	#15. Lemon (레몬)	신선하고 쾌활한 레몬 향
			#16. Apricot (살구)	잘 익은 핵과의 은은하고 매력적인 향
			#17. Apple (사과)	사과 향으로 신선한 커피에서 잘 나타남
		Herbal (허브 향)	#3. Garden Peas (완두콩)	신선한 채소의 향, 풋내
			#4. Cucumber (오이)	수박, 참회, 오이 등에서 나는 시원한 향
			#2. Potato (감자)	삶은 감자 향

반응군	특징	향미 종류	샘플 번호와 명칭	특성
Sugar Browning (당의 갈변화 반응)	로스팅 과정 중에 생기는 당의 갈변화에서 오는 결과물로 일반적으로 밀도 있는 향기이며 로스팅 진행 과정에 따라 각각 다른 향이 난다.	Caramelly (캐러멜 향)	#25. Caramel (캐러멜)	강렬한 단 향으로 신선한 커피에서 나는 기분 좋은 향
			#18. Butter (버터)	신선한 버터 향으로 아라비카 커피에서 많이 남
		Nutty (너트 향)	#28. Roasted Peanuts (구운 땅콩)	고소하게 볶인 견과의 향
			#29. Hazlnuts (헤이즐럿)	그윽한 헤이즐넛 향
			#27. Roasted Almonds (구운 아몬드)	볶은 아몬드의 고소한 향
			#30. Walnuts (호두)	호두의 톡 쏘는 향(한약의 느낌)
		Chocolaty (초콜릿 향)	#10. Vanilla (바닐라)	바닐라 빈, 커스터드의 향, 점점 진해 짐
			#22. Toast (구운 향)	버터 향기와 잘 어울리며 곡물을 볶을 때 올라오는 고소한 향
			#26. Dark Chocolate (다크초콜릿)	코코아 향과 비슷

반응군	특징	향미 종류	샘플 번호와 명칭	특성
Aromatic Taints (향 결점)	커피 성분의 화학적 변화나 변질에서 오는 향	Earthy (자연)	#1. Earthy (흙)	비에 젖어 축축해진 흙 냄새
			#20. Leather (가죽)	새 가죽 가방 등에서 나는 화학적인 냄새
			#5. Straw (짚)	마른 풀 냄새, 실제 젖은 건초 향
		Fermented (발효)	#13. Coffee Pulp (커피 과육)	과일 발효취와 같은 발효 향
			#21. Basamatic Rice (태국 쌀)	동남아 주식으로 사용되는 길쭉한 생쌀에서 나는 향
			#35. Medicinal (의약품)	약 상자를 열면 나는 냄새
		Phenolic (페놀)	#31. Cooked Beef (구운 소고기)	가금류 껍질을 구운 냄새
			#32. Smoke (스모크)	숯불의 향
			#36. Rubber (고무)	고무탄 냄새

반응군	특징	향미 종류	샘플 번호와 명칭	특성
Dry Distillation (건열 반응)	로스팅을 할 때 생두 내의 유기물이 타거나 산화되는 과정에서 잘 나타난다. 커피를 마신 뒤 목과 코 사이의 연결 부위에서 잘 느껴진다.	Spicy (스파이시)	#8. Pepper (후추)	통후추를 갈 때 올라오는 후추의 얼얼하고 강렬한 향
			#7. Clove-like (정향)	치약의 냄새, 스파이시한 느낌
			#9. Coriander Seed (고수풀 씨앗)	말린 고수의 씨앗, 베트남 쌀국수에 넣는 야채
		Resinous (수질성)	#24. Maple Syrup (메이플 시럽)	단풍나무 수액을 졸여 만든 시럽의 향기
			#14. Blackcurrant (블랙커런트)	포도주나 산머루의 향
			#6. Cedar (삼목)	천연 원목 향, 연필을 깎을 때 나는 나무 향
		Pyrolytic (열분해성)	#23. Malt (맥아)	엿기름 향
			#34. Roasted Coffee (원두)	커피 사탕의 향
			#33. Pipe Tobacco (관 담배)	잎담배의 향

☕ 세계 공통의 커핑 언어 SCA Flavor Wheel

커핑의 목적은 미각과 후각 훈련을 통해 습득한 향미를 다른 사람들도 쉽게 이해할 수 있도록 언어로 표현하는 것이다. 대륙별, 국가별로 제각각이었던 커핑 언어를 어느 정도의 공통 언어로 표현해 의사소통을 해보자고 만든 것이 Flavor Wheel이다. SCA에서 1995년 만들어서 배포한 이후 객관적이고 공통적인 언어로 커피 향미에 대한 표현이 가능해졌다. 2016년에 기존 휠의 오류를 수정하고 표현을 추가해 새로 배포가 되었는데 여기서는 2016년 플레이버 휠의 항목들을 위주로 설명한다.

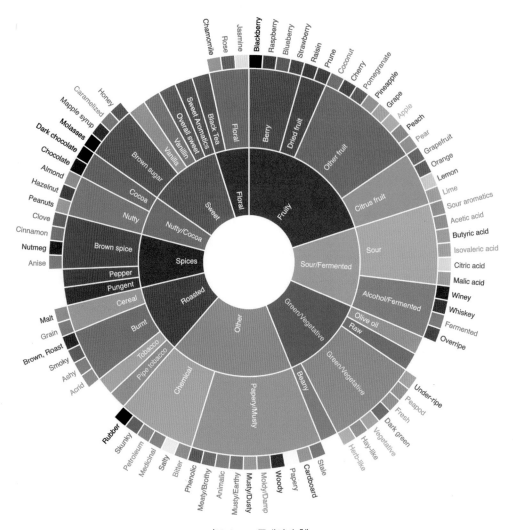

〈2016 SCA 플레이버 휠〉

① Floral(꽃)

카테고리	서브 카테고리	향미	정의
Floral	Floral	Chamomile(카모마일)	약간의 꽃과 과일의 향이 나며 카모마일 차의 느낌
		Rose(장미)	신선한 장미 혹은 말린 장미에서 나는 달콤하고 부드러운 장미 향, 약간의 퀴퀴하고 먼지가 나는 꽃 향
		Jasmine(쟈스민)	약간 자극적일 정도로 강렬하고 달콤한 꽃 향기로 퀴퀴한 먼지 향
	Black Tea	Black Tea(블랙 티)	찻잎의 산화 과정(갈변화)의 결과물로 건조된 식물(껍질)의 향미

Floral은 신선한 꽃에서 나는 가볍지만 달콤하고 향기로운 향미의 특성을 지닌다. 우리나라 국화 차와 비슷한 향미를 가진 카모마일 차는 심신의 안정을 준다. 쟈스민은 커피 꽃 향과 비슷한 향미를 지니며, 블랙 티는 얼그레이나 잉글리쉬 블랙퍼스트 차의 맛을 연상하면 된다.

② Fruity(과일)

카테고리	서브 카테고리	향미	정의
Fruity	Berry	Blackberry(블랙베리)	가벼운 신맛과 더불어 달콤하고 진한 과일과 꽃 향, 블랙베리와 관련된 원목 향
		Raspberry(라즈베리)	가벼운 단맛과 신맛, 과즙과 꽃 향이 있으며 라즈베리의 퀴퀴한 향
		Blueberry(블루베리)	약간의 신맛, 약간의 진한 과일 향과 달콤함, 퀴퀴함과 먼지, 꽃 향이 어우러진 블루베리 향
		Strawberry(딸기)	꽃 향과 과일 향의 다소 달콤함과 가벼운 신맛이 나며 딸기와 관련된 와인 향
	Dried fruit	Raisin(건포도)	건포도의 특징인 농축된 단맛, 약간의 신맛, 과일 향, 꽃 향
		Prune(건자두)	건자두와 관련된 과하게 익은 듯한 진한 과일의 느낌, 달콤함, 꽃 향기, 퀴퀴함
	Other fruit	Coconut(코코넛)	코코넛과 관련된 가벼운 단맛, 고소함, 약간의 나무 향
		Cherry(체리)	체리와 관련된 신맛, 과일 향, 가벼운 쓴맛, 꽃 향
		Pomegranate(석류)	신맛이 나며, 진한 과일의 향, 퀴퀴함과 흙 냄새, 사탕무나 당근과 같은 뿌리 채소로 연상됨, 떫은 맛이 나기도 함
		Pineapple(파인애플)	파인애플과 관련된 단맛, 약간의 날카로운 과일 향
		Grape(포도)	포도와 관련된 달콤한 과일과 꽃 향, 가벼운 신맛과 퀴퀴함
		Apple(사과)	신선하거나 가공된 사과와 관련된 달콤하고 상쾌한 과일과 꽃 향
		Peach(복숭아)	복숭아와 관련된 꽃과 과일, 향수, 달콤함과 약간의 새콤한 향
		Pear(배)	달콤하고 가벼운 꽃 향을 띠며 나무 향, 퀴퀴함이 있는 배와 관련된 과일의 향

Fruity	Citrus fruit	Grapefruit(자몽)	자몽과 관련된 구연산의 신맛, 쓴맛, 떫은맛, 날카로운 산미, 껍질을 깔 때 나는 상큼한 향, 가벼운 단 향
		Orange(오렌지)	오렌지와 관련된 신 향, 약간의 쓴맛, 떫은맛, 달콤함, 꽃 향
		Lemon(레몬)	레몬과 관련된 시큼한 신맛, 아주가벼운 단맛과 약간의 꽃 향
		Lime(라임)	라임과 관련된 시큼한 신맛, 떫은맛, 쓴맛, 야채의 느낌과 약간의 꽃 향

과일 향은 커핑 시 가장 많이 사용하는 용어다. 여기에는 과일의 달콤함과 꽃 향 등 여러 가지 향이 뒤섞인 농익은 과일의 종류가 포함된다. 여러 종의 베리와 관련된 달콤하고 시큼하며 무거운 과일 향, 건 과일의 진한 특성, 사과나 배 등의 신선한 과일 향, 감귤류의 새콤달콤 함이 모두 여기에 해당된다.

③ Sour(신)/Fermented(발효)

카테고리	서브 카테고리	향미	정의
Sour/ Fermented	Sour	Sour Aromatics	신맛이 나는 제품의 느낌
		Acetic Acid	식초와 관련된 신맛, 떫은맛, 약간 톡 쏘는 향기
		Butyric Acid	파르메산 치즈 같은 특정 숙성 치즈와 관련된 신맛의 발효 유제품
		Isovaleric Acid	땀에 젖은 발에서 나는 시큼한 신향, 로마노 같은 숙성 치즈에서 나는 자극적인 신맛
		Citric Acid	부드럽고 깔끔한 감귤류의 약간 신맛과 떫은맛
		Malic Acid	시고, 날카롭고, 떫은맛을 동반한 과일의 향
	Alcohol/ Fermented	Winey	날카롭고 자극적이며 다소 과즙이 많은 와인과 관련된 알코올 향
		Whiskey	곡물을 발효해 증류 과정을 거쳐 만든 제품과 관련된 향미
		Fermented	톡 쏘고, 달콤하며 가벼운 신맛이 나고, 때로는 효모로 숙성된 알코올 느낌. 숙성 과일 또는 설탕, 과 발효된 반죽에서 오는 향미
		Overripe	최적의 숙성 기간을 지난 과일이나 야채에서 나는 단맛, 약간의 신맛, 축축한 곰팡이나 흙 같은 향의 특성

신맛(Sour)은 구연산 용액에서 오는 기본적인 신맛 성분들이다. 알콜의 향미는 곡물을 발효시킨 후 증류해 만든 무색 알콜에서 오는 자극적이고 화학적인 향미다.

④ Green(그린)/Vegetative(야채)

카테고리	서브 카테고리	향미	정의
Green/ Vegetative		Olive Oil	버터, 풋내, 후추, 쓴맛, 달콤한 향이 나는 가볍고 미끈한 향미
		Raw	조리되지 않은 제품과 관련된 향미
	Green/ Vegetative	Under-Ripe	덜 익은 야채와 과일에서 나는 풋내
		Peapod	달콤하고, 신선하며 쌉싸름한 날것의 느낌이 나는 콩과 같은 야채
		Fresh	달콤하고 톡 쏘는 향이 나는 갓 베어낸 풀이나 잎이 많은 식물
		Dark Green	시금치, 케일, 녹두와 같은 조리된 녹색 채소와 관련된 향기로 쓴맛, 단맛, 쌉싸름하고 묵직한 향
		Vegetative	파슬리, 시금치, 완두콩 등의 녹색 식물과 관련된 날카롭고 자극적인 향미
		Hay-Like	마른 풀에서 나는 가볍고 달콤하며 건조하고 먼지가 많은 향
		Herb-Like	녹색 허브와 관련된 향기로 단맛, 약간의 쓴맛, 가볍게 톡 쏘는 맛
		Beany	퀴퀴하거나 텁텁하고 씁쓸한 향, 상큼한 채소, 견과류 같은 고소한 향이 있는 완두콩

잎이 무성하고, 덩굴이 많고, 덜 익은 완두콩과 같은 식물성 혹은 채소의 향미다.

⑤ Other(기타)

카테고리	서브 카테고리	향미	정의
Other	Papery/ Musty	Stale	신선도가 떨어지는 향
		Cardboard	골판지나 종이 포장재 냄새
		Papery	흰 종이컵 냄새
		Woody	갈색의 나무껍질에서 오는 퀴퀴하고 무거운 곰팡이 냄새
		Moldy/ Damp	지하실과 같은 밀폐된 공간에서 나는 축축하고, 날카롭고, 풋내와 같은 곰팡이 냄새
		Musty/ Dusty	건조한 토양이나 곡물에서 나는 종이, 곰팡이, 마른 냄새로 다락방이나 벽장 같은 건조하고 폐쇄된 공간의 냄새
		Musty/ Earthy	상한 채소와 축축한 검은 흙에서 나는 달콤하고 무거운 향
		Animalic	농장이나 동물 서식지에서 나는 동물 냄새
		Meaty/ Brothy	삶은 고기, 수프, 육수에서 나는 약한 고기 냄새
		Phenolic	축축하고 곰팡이 핀 냄새, 동물의 가죽 향, 마구간 냄새
	Chemical	Bitter	카페인에서 오는 기본적인 쓴맛
		Salty	염화나트륨에서 오는 기본적인 짠맛
		Medicinal	반창고, 알코올, 요오드 등 깨끗하고 멸균된 방부제 제품의 냄새
		Petroleum	원유를 정제해 나온 중유(걸쭉하고 검은 기름) 냄새
		Skunky	스컹크 냄새
		Rubber	어둡고, 무거우며 약간 날카로운 고무 냄새

기타 항목으로 분류된 향미는 대부분 부정적인 의미다. 오래되어 산패된 커피에서 오는 향미를 표현할 때 주로 사용한다.

⑥ Roasted(구운)

카테고리	서브 카테고리	향미	정의
Roasted	Pipe Tobacco		갈색 담배를 태웠을 때 나는 향으로 달콤한 과일이나 꽃, 약간 톡 쏘는 매운 향
	Tobacco		갈색의 말린 담배 향으로 약간 달콤하고 톡 쏘는 향
	Burnt	Acrid	지나치게 볶아 진한 갈색을 띤 제품에서 나는 날카롭고 쓴 자극적인 맛
		Ashy	과하게 볶아 탄 제품에서 나는 건조한 먼지, 지저분한 탄내
		Smoky	나무나 잎, 인공적인 물질들이 탈 때 나는 날카롭고 자극적인 냄새
		Brown, Roast	토스트, 구운 것, 견과류에서 오는 단맛으로 풍성한 느낌
	Cereal	Grain	옅은 갈색의 곡물이 주는 먼지, 곰팡이, 단 향
		Malt	옅은 갈색의 곡물이 주는 먼지, 곰팡이, 단맛, 신맛, 약간의 발효 향

Roasted 향미는 고온으로 구운 제품의 특징으로 짙은 갈색의 인상을 준다. 쓴맛이나 탄 맛의 느낌은 포함되지 않는다.

⑦ Spices(향신료)

카테고리	서브 카테고리	향미	정의
Spices	Pungent		비강을 날카롭게 관통하는 느낌
	Pepper		통후추를 분쇄할 때 나는 맵고 자극적이면서 퀴퀴한 나무의 느낌
	Brown spice	Anise	석유나 약품 같은 자극적인 느낌을 주면서 달콤한 캐러멜과 꽃 향의 향미
		Nutmeg	촉촉한 나무 향, 톡 쏘는 휘발유 향, 묵직하면서 약간의 레몬 향이 있음
		Cinnamon	갈색의 시나몬이 주는 자극적이고 매운 향, 달콤함과 나무 향이 있음
		Clove	달콤하고 맵고 톡 쏘는 정향 특유의 향미, 꽃 향, 감귤류, 민트 향, 의약품 냄새가 있음

스파이시 향미는 대부분 향신료의 느낌이다. 대부분 분쇄된 신선한 스페셜티 커피에서 느낄 수 있는 향으로 그 강도는 생산지나 품종에 따라 다르게 표현된다.

⑧ Nutty(견과)/Cocoa(코코아)

카테고리	서브 카테고리	향미	정의
Nutty/ Cocoa	Nutty	Peanuts	달콤하며 기름지고 다소 곰팡이나 먼지의 향이 나며 약간 떫은맛의 느낌
		Hazelnut	나무 향, 퀴퀴한 흙 냄새, 삼나무와 같은 약한 나무 향, 꽃과 콩 냄새, 약간의 떫은맛과 쓴맛
		Almond	연한 갈색의 아몬드가 주는 달콤하고 버터 같은 느낌, 장미, 체리, 살구의 꽃과 같은 향미가 있으며 약간의 떫은맛과 탄 맛
	Cocoa	Chocolate	다크 로스트와 코코아 버터를 포함한 코코아 블렌딩 제품이 주는 다양한 강도의 코코아 향미
		Dark chocolate	떫은맛과 쓴맛이 강조된 다크 로스트의 고강도 코코아 블렌딩 제품이 주는 매운맛, 탄 맛, 곰팡이 냄새

너트 향미는 갈색을 띠는 견과류나 씨앗, 콩, 곡물이 주는 느낌이다. 기름지고 쌉싸름한 맛과 약간의 떫은맛, 쓴맛이 있고 달콤한 나무 향이 특징이다. 코코아 향미는 카카오 콩, 코코아 파우더, 초콜릿 바 같은 제품이 주는 달콤하고 쌉싸름한 맛이 특징이다.

⑨ Sweet(달콤한)

카테고리	서브 카테고리	향미	정의
Sweet	Brown Sugar	Molasses	약간 날카롭고 매콤하며 당밀 특유의 유황 향미와 진한 캐러멜의 향미
		Maple Syrup	메이플 시럽의 달콤한 나무 향, 구수한 캐러멜 향, 약간의 채소 향
		Caramelized	조리된 설탕 혹은 탄수화물이 주는 꽉 찬 무게감과 중간 정도의 달콤함, 타거나 그을린 향미는 포함 안 됨
		Honey	연한 갈색의 꿀이 주는 달콤하고 약간 매운 향미
	Vanilla		바닐라콩의 나무 향, 약간 화학적인 느낌, 구수한 완두콩 향과 꽃 향, 매콤한 향이 있음
	Vanillin		바닐라, 솜사탕, 마시멜로 같은 매우 달콤한 인공적인 향미
	Overall Sweet		당의 기본적인 단맛
	Sweet Aromatics		달콤한 물질의 느낌

단맛은 기본적으로 자당이 주는 단 느낌을 말한다. 로스팅 과정 중 당의 갈변화에서 오는 풍부하고 달콤한 향미 느낌이며 커피의 향미 중 가장 중요한 향미로 평가된다.

커핑 프로토콜(Cupping Protocol)

커핑 프로토콜은 SCA에서 권장하는 커피 품질 평가에 대한 표준 절차이다. 프로토콜은 크게 생두 등급에 대한 것과 커핑에 대한 것으로 나뉜다. 여기서는 생두를 로스팅한 후 커피의 향미를 평가하는데 필요한 프로토콜만 언급하고자 한다.

필요한 도구와 환경

로스팅 준비	주변 환경	커핑 준비
샘플 로스터	조명이 잘된 곳	저울
애그트론(Agtron) 또는 다른 색도계	청결하고 냄새 없는 곳	뚜껑이 있는 커핑잔
그라인더	커핑 테이블	커핑 스푼
	조용한 곳	물 끓이는 도구
	쾌적한 온도	커핑 용지와 메모지 (필기구, 클립보드)

커핑 용기(Cupping Glasses)

커핑 용기는 강화유리 또는 세라믹 재질로 만든 것을 사용한다. 컵의 용량은 7~9oz(207ml~266ml) 사이, 상단 직경은 3~3.5인치(76~89mm)여야 한다. 커핑에 사용되는 컵은 부피, 재질, 용량, 재료 등이 동일해야 하며 뚜껑이 있어야 한다.

〈커핑용 컵: 유리나 도자기 재질을 많이 사용한다.〉

☕ 샘플 로스팅(Sample Roasting)

커핑에 필요한 샘플용 커피는 로스팅 후 최소 8시간 동안 밀폐용기에 보관해야 하며, 24시간 이내에 로스팅된 원두를 사용한다. 로스팅 색도는 M-Basic(Gourmet) 애그트론(Agtron)으로 측정했을 때 홀빈은 58, 분쇄한 원두는 63(표준 단위에서 55~60, 애그트론/SCA 로스트 타일 #55)이고, 오차는 1 정도다. 로스팅 시간은 최소 8분~12분이며 원두의 겉이 그을려 타는 스코칭(Scorching)이나 가장자리가 타는 티핑(Tipping)이 생기지 않게 해야 한다. 로스팅 후에는 즉시 에어 쿨링(Air Cooled) 작업을 해야 하며 물을 끼얹어 식히는 퀀칭(Quenching)은 허용되지 않는다. 샘플은 서늘하고 어두운 곳에 보관해야 하며 냉장이나 냉동을 해서는 안된다.

〈샘플 로스팅 원두와 커핑 도구들〉

〈SCA 로스트 타일〉

☕ 커피와 물의 양

커피와 물의 최적의 비율은 물 150ml에 커피 8.25g이며 이 비율로 맞추면 골든컵에서 제시하는 최적의 균형 추출 수율 1.1~1.3%를 맞출 수 있다. 사용하려는 커핑컵의 총용량에 0.25g을 곱하면 적절한 커핑 비율을 맞출 수 있다.

〈커핑볼의 용량에 맞게 원두를 계량해서 넣는다.〉

커핑 준비

커피 원두는 커핑하기 바로 전에 분쇄하고 15분 이내에 물 붓기를 마쳐야 한다. 15분 이내에 물 붓기가 불가능하다면 샘플에 뚜껑을 덮고 최대 30분 이내에 물을 부어야 한다. 분쇄 입자 크기는 미국 표준 메쉬(Mesh) #20을 70~75% 통과하는 굵기로 보통 드립 추출 분쇄보다 조금 더 굵다. 미국 메쉬 사이즈별 입자 크기는 표와 같다.

Mesh Size(USA)	미크론(um)	Mesh Size(USA)	미크론(um)
4	4,750	14	1,400
5	4,000	16	1,200
6	3,350	18	1,000
7	2,800	20	850
8	2,360	24	690
10	2,000	30	560
12	1,700	36	485

*1 미크론은 0.001mm에 해당되는 아주 미세한 단위다.

커핑 시험에서는 샘플의 균일성을 평가하기 위해 각 샘플을 5개씩 준비하지만, 퍼블릭 커핑 (Public Cupping)에서는 샘플을 1개씩 준비해 평가한다. 로스터 본인이 로스팅한 커피를 평가할 때도 샘플당 1개씩 컵을 준비하되 2~3개의 샘플을 준비해 상대적으로 맛과 향을 비교하면 금방 차이를 알 수 있다. 각 샘플을 갈 때는 그라인더 린싱 작업을 해야 샘플이 교차 오염되지 않는다.

☕ 커핑용 물

물은 TDS(총 용존 고형 물질=용존 미네랄)가 125-175ppm인 물이 좋고, 100ppm 이하나 250ppm 이상의 물은 사용하지 않는다. 깨끗하고 냄새가 나지 않는 물이 좋고 증류수나 연수는 추천하지 않는다. 물의 온도는 93℃가 적당하며 대략 90~94℃의 온도가 좋다. 계량된 분쇄 커피가 들어있는 컵 중앙에서 가장자리까지 원두가 골고루 적셔지도록 붓는다. 원두에 골고루 물이 배어들도록 물은 부은 후 컵은 3~5분간 건드리지 않는다. 물에 접촉한 커피 입자들은 크러스트(Crust)를 형성하며 수면 위에 떠 있다가 시간이 지날수록 차츰 가라앉는다. 4분이 지난 후 물에 젖은 커피의 표면을 세번 힘차게 밀어내는 크러스트 브레이킹(Crust Breaking) 후 남은 잔여 물을 스푼 두 개를 활용해 걷어내는 스키밍(Skimming) 작업을 한다. 물을 부은지 8~10분이 지나면 평가를 시작하는데 정확한 평가를 위해 커피를 입안에 넓게 분사하는 슬러핑(Slurping) 방법을 활용한다.

☕ SCA 커핑 폼(Cupping Form)

Specialty Coffee Association
Arabica Cupping Form

Name: _____

Date: _____

Table no: _____

Quality Scale

6.00 - GOOD	7.00 - VERY GOOD	8.00 - EXCELLENT	9.00 - OUTSTANDING
6.25	7.25	8.25	9.25
6.50	7.50	8.50	9.50
6.75	7.75	8.75	9.75

⟨SCA Arabica Cupping Form⟩

SCA 커핑폼은 샘플 간의 실제 관능 차를 결정하고, 평가를 통해 샘플의 향미를 기술하며, 상품의 선호도를 결정하는데 그 목적이 있다. 이 커핑 프로토콜의 목적은 커피의 퀄리티 인지 결정이다. 특정한 향미가 가진 속성과 특질을 분석하고 이를 커퍼(Cupper)의 이전 경험과 비교하여 샘플을 숫자 척도로 평가하는 것이다. 이렇게 하면 샘플 간의 점수를 비교할 수 있다. 더 높은 점수를 받은 커피가 더 낮게 받은 커피보다 확연하게 더 좋은 향미가 있는 것이다. 커핑폼의 점수는 6~10점 사이의 숫자 값에서 0.25점 단위로 평가한다. 평가하는 커피의 점수별 등급 기준은 다음과 같다.

Good	Very Good	Excellent	Outstanding
6.00	7.00	8.00	9.00
6.25	7.25	8.25	9.25
6.50	7.50	8.50	9.50
6.75	7.75	8.75	9.75

6점부터 점수를 시작하는 것은 이 이하의 점수를 받은 커피는 스페셜티 커피가 아니라고 평가하기 때문이다. 그렇다면 6점 이상만 받으면 모두 스페셜티 커피에 해당되는 것일까? 그렇지는 않다. 보통 평균 8점 이상을 받은 커피를 스페셜티 등급으로 인정해 주며, 평균 9점 이상을 받은 커피는 '나인티 플러스(Ninety Plus)'라는 별도의 호칭을 붙여준다. 평균 7점대 영역을 상용 등급(Commodity Grade), 6점대는 저품질(Low Grade)로 구분한다.

커핑폼의 평가 항목은 커피에 대한 주요한 향미 속성들을 평가한다. 향(Fragrance/Aroma), 향미(Flavor), 여운(Aftertaste), 신맛(Acidity), 바디(Body), 균형감(Balance), 균일감(Uniformity), 클린 컵(Clean Cup), 단맛(Sweetness), 결함(Defects)과 총괄(Overall) 등의 항목을 평가해 점수와 용어로 기록한다. 평가 항목의 기준과 절차를 하나씩 살펴보자.

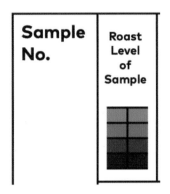

커핑하려는 샘플의 번호를 기입한다. 커핑 컵에 번호가 붙어있지 않더라도 커퍼가 봤을 때 맨 왼쪽 하단에 위치한 컵이 1번 컵이다. 숫자로 1, 2, 3⋯ 순으로 기입하거나 A, B, C⋯ 등의 순서를 나타내는 기호로 기입한다. 로스트 레벨은 커핑 컵 안에 든 커피의 색상을 봤을 때 가장 진한 색을 띠는 컵은 하단의 진한 쪽에 밝은 색을 띠면 밝은 쪽에 체크한다. 체크 표시는 '/' 마크나 'V' 형태로 하면 된다.

② Fragrance/Aroma

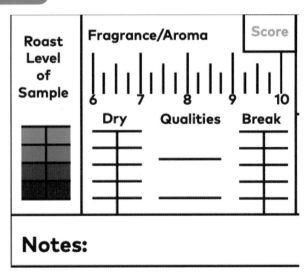

평가 항목을 보면 점수 척도는 가로 즉, 수평 항목으로 되어있고, Dry/Break 항목은 수직으로 되어 있음을 알 수 있다. 수평 항목은 왼쪽이 낮은 점수, 오른쪽이 높은 점수다. 수직 항목은 감각 요소의 강도를 평가하는 것인데 강하면 위쪽 약하면 아래쪽에 표시한다.

샘플을 분쇄한 후 15분 이내에 커핑 컵의 뚜껑을 열고 분쇄한 커피의 냄새를 맡아 Dry Fragrance를 평가한다. 이때 Dry란에 향의 강도를 표시하고 Qualities란 윗줄에 대표적인 향 하나를 기록한다.

〈분쇄한 커피가 담긴 커핑 볼의 Fragrance를 체크하는 모습〉

뜨거운 물을 붓고 크러스트가 깨지지 않게 4분간 유지한다. 물을 붓고 나서는 잔을 이동시키거나 움직이면 안된다.

〈커핑 볼에 물을 붓고 4분간 우려낸다.〉

4분 후 크러스트를 세 번 저어 깨뜨린 후 스푼 뒷면으로 거품과 잔해물을 밀쳐내며 차분히 냄새를 맡는다. 이때 나오는 향의 강도를 Break란에 표시하고 Qualities란 아랫줄에 가장 대표적인 향 하나를 적는다.

〈물을 붓고 4분이 지나면 Crust Break 한다.〉

〈Break가 끝나면 스키밍 작업을 한다.〉

분쇄한 커피의 향 또는 브레이크하면서 느껴지는 복합적인 향은 Notes란에 알기 쉬운 언어로 적는다. 향미 노트는 최대한 많이 기재하는 것이 좋다. 프래그런스/아로마 기준에 의해 최종적으로 점수를 표시한다. 한 영역에 치중되지 않고 여러 영역에 걸쳐 다양한 향이 많이 체크될수록 높은 점수를 주기 때문에 프래그런스/아로마 기준은 별도의 훈련이 필요하다.

③ Flavor, Aftertaste, Acidity, Body, Balance

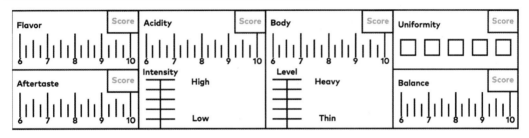

프래그런스/아로마 평가가 끝나면 스푼 두 개를 이용해 커핑 컵 위에 뜬 커피 찌꺼기와 거품 등을 걷어내는 스키밍(Skimming) 작업을 한다. 물을 부은 지 8~10분 정도가 지나면 커피가 식어 약 71℃ 전후가 되는데 이때부터 맛 항목을 평가한다. 커피 용액을 한 스푼 덜어 혀와 입천장에 골고루 뿌려지도록 흡입한다. 커피가 이 정도의 온도일 때 후각 점막 세포에서 증기를 감지하는 강도가 가장 크기 때문에 플레이버와 여운을 먼저 평가한다.

〈커핑 스푼을 이용해 커피의 맛을 본다.〉

커피가 60℃까지 식어가는 동안 산미, 바디, 밸런스를 평가한다. 밸런스는 플레이버, 여운, 산미, 바디가 얼마나 잘 어우러져 조합을 이루는지에 대한 평가다. 커피가 식어감에 따라 여러 온도에서 나타나는 커퍼의 선호도가 달라질 수 있으므로 여러 온도에서 2~3회 반복적으로 평가한다. 온도의 변화에 따라 샘플에서 감지한 퀄리티가 늘거나 줄어든다면 점수 항목인 가로 척도에 다시 표시를 하고 최종 점수 방향으로 화살표를 표시하면 된다.

Flavor 향과 맛이 결합된 커피의 주 성질을 말한다. 맨 처음 느껴지는 아로마의 첫 느낌부터 신맛에서 여운에 이르는 커피의 주요 특성이다. 입과 코의 모든 감각 기관이 감지하는 전체적인 인상으로 커피를 강하게 들이마셨을 때 경험할 수 있는 전반적인 맛과 향의 강도와 품질, 복합성이다. 첫 슬러핑 후 점수를 바로 체크하지 않고 점을 찍어 표시한 후 여러 번 맛을 본 다음 체크한다. 노트(Notes)란에는 점수를 체크한 이유에 대해 상세히 적는다.

Aftertaste 여운은 입천장 뒤편에서 감지되는데 커피를 뱉어내거나 삼킨 후 남아 있는 긍정적 향미 특징이 지속되는지를 평가한다. 여운이 짧거나 불쾌하다면 낮은 점수로 체크한다. 여운은 플레이버에서 느껴지는 요소이기 때문에 플레이버 점수와 비례하는 경향이 있다. 좋은 향미가 오래 지속될수록 높은 점수를 주고 반대로 쓰고, 텁텁하고, 떫은맛 등의 나쁜 향미가 지속되면 낮은 점수를 준다.

Acidity 좋은 신맛은 〈산뜻함(Brightness)〉으로, 불쾌한 산미는 〈시큼하다(Sour)〉로 묘사한다. 커피에서 좋은 신맛은 신선한 과일의 신맛처럼 커피에 생기를 부여하며 단맛을 더 이끌어 내는 역할을 한다. 덜 익은 과일에서 나는 시큼할 정도의 지나치게 강한 신맛은 불쾌한 맛으로 평가한다. 신맛의 평가는 수평 항목과 더불어 강도를 평가하는 수직 항목을 체크한다. 강도가 강하다고 해서 꼭 좋은 점수를 주지 않는다. Enzymatic 계열의 유기산과 관련된 단어를 사용해 노트(Notes)란에도 기입한다.

Body 바디는 커피를 한 입 머금었을 때 혀와 입천장 전체에서 느껴지는 입안의 촉감이다. 바디는 '무겁다' 또는 '가볍다'로 표현되는 느낌인데, 이는 불용성 물질이 다른 물질과 섞여 있는 콜로이드와 지방, 자당 성분에 기인한다. 바디는 무거우면서도 질감이 좋을수록 높은 점수를 부여한다. 바디를 쉽게 이해하고 연습하기 위해 물, 우유, 올리브유 등의 샘플로 연습을 많이 하는데, 물은 다른 성분이 포함되어 있지 않아 가벼운 느낌이지만 우유는 단백질과 유지 성분 등이 함유되어 있어 물보다는 묵직하고 부드러운 질감을 준다. 따라서 우유가 물보다 바디가 좋다고 표현하며, 우유와 올리브유를 비교하면 올리브유가 질감이 더 부드럽기 때문에 이 역시 더 좋은 평가를 받는다.

Balance 커피의 플레이버, 여운, 신맛, 바디가 서로 보완되거나 대조를 이루는지 평가하는 항목이다. 커피 샘플에서 어떤 향이나 맛이 부족한 경우, 또는 한 가지 속성이 압도적으로 튄다면 낮게 평가한다. 밸런스는 말 그대로 앞에서 평가한 플레이버, 여운, 신맛, 바디가 균형을 잘 이루고 있는지, 각 항목이 서로의 부족함을 보완하고 있는지 평가한다. 밸런스를 평가할 때 주의할 것은 앞의 4가지 항목(플레이버, 여운, 신맛, 바디) 보다 점수가 월등히 높거나 낮으면 안 된다. 그 이유는 밸런스 항목이 각 항목의 부족한 점수를 메워 전반적으로 균형을 맞추는 항목이기 때문이다. 보통 앞의 4가지 항목 평균 점수 정도로 부여한다.

Uniformity	Score	Clean Cup	Score	Overall	Score	Total Score
□ □ □ □ □		□ □ □ □ □		6 7 8 9 10		

Balance	Score	Sweetness	Score	Defects (subtract)		
6 7 8 9 10		□ □ □ □ □		Taint - 2 Fault - 4	# of cups intensity □ X □ = □	

커피의 온도가 37℃에 이르면 Sweetness, Uniformity, Clean Cup을 평가한다. 이들 항목의 경우 커피는 각 컵을 개별적으로 평가하여 각각의 속성에 따라 컵마다 2점씩(최대 10점) 부여한다. 커피에 대한 평가는 샘플이 21℃에 이르면 끝내고, Overall 점수는 관련된 속성 모두에 기초해 커퍼 점수(Cupper's Points)로 커퍼가 결정해 샘플 점수를 매긴다.

Sweetness 단맛은 어느 정도 뚜렷하게 나는 단맛뿐 아니라 기분 좋은 향미를 말한다. 커피의 단맛은 탄수화물의 결과물로 나타나는 단맛이며, 이와 반대되는 맛은 시큼한 맛, 떫은맛, 풋내 등이다. 이는 로스팅 과정 중 당의 갈변화가 제대로 이루어지지 않아 덜 익은 커피콩에서 나는 맛이다. 커피의 단맛은 설탕의 단맛과 같지 않다. 로스팅 과정 중 당이 연료 역할을 해 다른 성분으로 변하기 때문이다. 그래도 캐러멜과 브라운 슈가 같은 단맛의 뉘앙스는 살아있다. 또한 단맛은 다른 맛 성분들과 조화를 이루어 전체적으로 커피의 풍미를 살리는 역할은 한다. 지금 설명하는 SCA 폼에서는 자격 부여를 위한 테스트용이기 때문에 다섯 개의 컵 중에 단맛이 부족한 컵을 찾아 체크하고 10점 만점에서 2점을 감점하도록 하고 있다. 하지만 이렇게 평가를 하면 단맛을 제대로 평가하기 어려워 퍼블릭 커핑에서는 신맛 평가 항목처럼 단맛의 강도와 점수를 평가하도록 폼을 변형해서 사용하고 있다.

Clean Cup 처음 맛볼 때부터 마지막 여운에 이르기까지 부정적인 인상이 없는지 '투명성(Transparency)'을 의미한다. 결점두, 부적절한 보관 또는 잘못된 가공으로 인해 부정적인 맛 또는 향의 느낌이 나는 컵에 체크하고 2점씩 감한다. 흔히 페놀릭(Phenolic), 과발효(Over-Fermented), 곰팡이(Moldy) 냄새가 3대 결점에 해당된다.

Uniformity 균일성은 샘플의 플레이버 일관성을 의미한다. 테스트에서 한 커피마다 다섯 개의 컵을 사용하는데 이 중 향미가 다르게 나는 컵을 찾아내는 것이다. 다섯 개의 컵이 모두 같은 향미를 가지고 있다면 10점 만점이 되고, 맛이 다른 컵이 있다면 컵마다 2점씩 감점하면 된다.

Overall 커피의 주관적인 점수를 반영하는 항목이다. 커퍼의 기대에 부응하는 향미를 가진 커피에는 좋은 점수를 주고 그렇지 않은 커피에는 낮은 점수를 준다.

Defects 결점이란 커피의 품질을 떨어뜨리는 부정적이거나 나쁜 향미이다. Taints는 눈에 띄지만 압도적이지 않은 이상한 냄새를 말하며 일반적으로 향에서 발견된다. Faults는 샘플을 맛보기 힘들 정도로 압도적인 이상한 냄새를 말하며 맛에서 발견된다.

점수 매기기(Scoring)

각각의 항목을 모두 평가했다면 오른쪽 박스의 Score란에 점수를 기입한다. 10개의 평가 항목 점수를 모두 합산해 총점(Total Score)에 기입하고 여기에서 Taints나 Faults 점수를 뺀 최종 점수를 Final Score란에 기입한다.

점수대	점수 등급	품질 등급
90~100	Outstanding	Ninety plus
85~89.99	Excellent	Specialty
80~84.99	Very Good	Premium
〉80.0	Below Specialty Quality	Below Premium

〈최종 점수에 따른 품질 분류〉

☕ 커핑을 잘하려면?

와인은 오랜 역사와 함께 그 맛과 향을 평가하는 방법도 체계적이고 과학적으로 발전해 왔고, 커피는 최근에 이 기준이 확립되고 전파되었다. 하지만 짧은 시간임에도 불구하고 커핑 언어와 평가 방법이 체계적으로 확립되고 전 세계적으로 전파된 것은 SCA의 노력과 헌신 덕분이다.

로스터는 자신이 만들어낸 예술 작품이자 창조물인 커피 원두를 객관적으로 평가하는 방법을 꼭 알아야 한다. 그래야 자신이 볶은 커피에서 어떤 맛과 향이 나고 어떤 부분이 부족한지를 체크해 개선해 나갈 수 있다. 필자가 커피 볶는 방법만 알았던 초보 로스터 시절 카페에 찾아온

손님들이 진열된 원두를 보고 이것저것 캐묻는데 딱히 차이점을 설명하기가 어려웠다. 그때만 해도 커핑이라는 학문이 국내에 전파되기 전이었고, 서울 시내에 로스터리 카페가 겨우 10여 개 정도였던 시기라 커핑을 접해보지 못했던 시절이었다. 커핑을 접하고, 하나씩 깨우쳐 가고, 수없이 많은 커핑을 반복했지만 좀처럼 이 언어는 내 것이 되지 않았다. 그래서 실생활에서 흔히 접하는 맛 또는 향을 접목해서 표현해보자는 생각으로 접근했고 이때부터 조금씩 향미 표현이 가능해졌다. 커핑의 결과물은 결국 향미에 대한 표현으로 커피 향기의 종류에 대해 이해하고, 이해가 쉬운 향부터 내 것으로 만들며 자신이 볶은 커피에서 최대한 이 향을 찾아내도록 반복적으로 연습하는 것이 중요하다.

로스팅과 커핑을 교육하다 보면 "진짜 이 커피에서 그 맛과 향이 나나요?"라고 묻는 학생들이 많다. 이런 질문을 하는 이유는 그들의 감각 체계로는 커피가 가진 향미와 자신이 알고 있는 향 또는 맛이 전혀 매칭되지 않기 때문이다. 앞서 설명했듯이 커피에는 1천 종이 넘는 향미 물질들이 있다. 그래서 커피의 향미는 복합적이다. 이 복잡함 속에서 향미를 콕 집어 찾아내는 것은 매우 어려운 일이다. 커핑은 커피의 향과 맛을 평가하는 언어를 익히고 훈련해 충분한 경험을 쌓고 이를 자연스럽게 표현하는 과정을 반복해야 잘할 수 있다. 사람의 감각을 깨우치고 기르는 것은 많은 시간이 필요하다. 너무 어렵게 생각하지 말고 자신이 이해할 수 있는 향과 맛부터 시작하자.

SCA의 커핑 용어와 커핑폼은 로스터라면 기본적으로 이해하고 있어야 한다. 그래서 많은 지면을 할애해 그 체계와 용어에 대해 설명했다. 하지만 외우고 또 외워도 시간이 지나면 잊혀지기 마련. 마찬가지로 커핑 또한 바쁜 로스터가 매번 시험을 치르듯 SCA 규정폼을 사용해 그 내용을 하나하나 기록하려면 많은 시간이 걸린다. 그래서 현장에서 바로 접목이 가능한 폼을 만들어 사용하면 편리하다. 향미 표현과 관련된 용어를 미리 폼에 기입해 두고 점수와 함께 바로 체크하면 시간도 절약하고 생소한 용어들도 빠르게 익힐 수 있다. 다음 예시를 참고해 자신만의 평가 폼을 만들어 사용해보자.

Roastery Cupping Form

커피명	_____	생두 품종	_____
판매회사	_____	수령일	_____
함수율	_____	밀도(등급)	_____
로스팅 날짜	_____	배전도(#)	_____

Score	4 매우 부정적 Unacceptable	5 부정적 Acceptable	6 보통 Good	7 긍정적 Good	8 위어남 Very Good	9 매우위어남 Excellent	10 최고 Extraordinary

Fragrance

Floral/ Herbal/ Spicy/ Fruity/ Sour/ Fermented/ Green/ Vegitative/ Nutty/ Cocoa/ Sweety

Aroma

Caramelly/Earthy/ Big /Chocolaty/ Woody/ Rich/ Winey/ Cedary/ Smoky/ Slight/ Vanilla-like/ Malty /Resinous/ Pungent/ Flat

Flavor

Chocolaty/ Caramelly/ Sweet/ Complex/ Toasty/ Nutty/ Fruit-like/ Mellow/ Earthy/ Grainy/ Vanilla-like/ Pruny/ Mild/ Pungent/ Cereal/ Smoky/ Citrusy/ Smooth/ Musty/ Cinnamon/ Spicy/ Berrish/ Clean/ Bitter/ Leathery/ Winey/ Malty/ Strong/ Cedary/ Tobaccoey/ Woody

Sweetness

Brown sugar/ Vanilla/ Molasses/ Maple syrup/ Caramelized/ Honey

Bitterness

Slight/ Heavy/ Short/ Long/ Bittersweet/ Btakish/Astrigent/ Creosoty/ Harshy/ Burnt/ Piquant/Biting/ Hardy

Acidity

Bright/ Fruity/ Sharp/ Medium/ Impressive/ Brisk/ Tangy/ Smooth/ Moderate/ Pronounced/ Sweet/ Nippy/ Soft/ Mild/ Delicate/ Piquant/ Winey/ Flat/ Slight/ Disappointing

Body

Oily/ Heavy/ Impressive/ Buttery/ Full/ Disappointing/ Creamy/ Medium/ Thin/ Thick/ Light/ Watery

Aftertaste

Strong/ Clean/ Floral/ Long/ Moderate/ Fresh/ Spicy/ Fast-fedding/ Weak/ Rounded/ Fruity/ Thin/ Thick/ Light/ Watery

Mouthfeel

Thickness/ Cloying/ Mouth coating/ Sliminess/ Smoothness/ Stickiness residue/ Dryness/ Chalkiness/ Particle perception/ Creamy/ Round/ Buttery

Balance

Harmonious/ One-sided/ Complementary

Total Score /100

Flavor Taints					
Bitter	Potatoey	Salty	Hay-like	Fishy	Scorched
Chemical	Earthy	Vinegary	Rancid	Cardbodardy	Soury
Dirty	Musty	Caustic	Stale	Past-crop	
Fermented	Acrid	Sharp	Vapid	Papery	Green bean
Harsh	Cabbagy	Baggy	Strawy	Astrigent	Biting
Herby	Petroleum	Hidy	Ashy	Briny	Fishy
Medicinal	Groundy	Burnt	Alkaline	Creosoty	
Metallic	Rough	Charred	Brackish	Piquant	
Oniony	Turpeny	Grassy	Carbony	Baked	Harsh
Peasy	Moldy	Green	Tarry	Under-develop	
Rank	Edgy	Faunna	Bland	Rubbery	Tarry
Rioy	Hard	Acerbic	Neutral	Pasty	
Soury	Soapy	Insipid	Woody	Tippy	

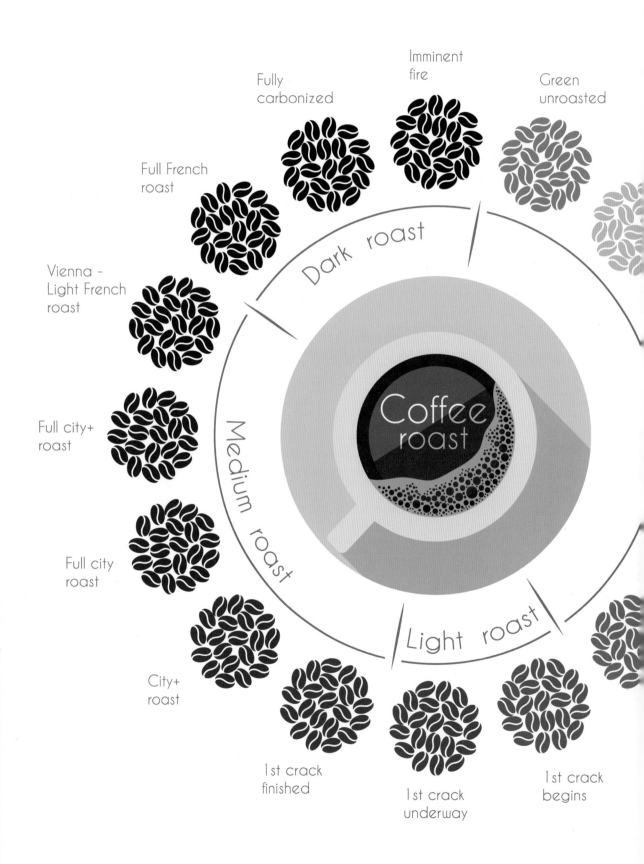

Chapter 5

로스팅 프로그램
로스팅 프로그램

로스팅 프로그램

Early yellow
stage

Yellow-tan
stage

Light brown
stage

지금까지도 커피 로스팅은 감각의 영역이지만 로스팅 과정을 기록하고 분석하는 것은 프로그램으로 가능하다. 로스팅 프로그램은 유료 프로그램인 크롭스터(Cropster)와 무료 공개 프로그램인 아티산(Artisan)이 있다. 크롭스터는 로스팅 프로파일링 뿐만 아니라 생산관리, 품질관리까지 가능하도록 다양한 기능을 제공하고 있다. 하지만 기본 사양으로 사용해도 매월 89달러를 지불해야 하기 때문에 스몰 로스터에게는 적지 않은 부담이 된다. 아티산은 다양한 부가서비스는 없지만 로스팅 프로파일링에 꼭 필요한 기능을 제공하고 있으며 리눅스처럼 주기적으로 기능과 분석 도구들이 업데이트되는 무료 공개 프로그램이다. 지금은 주요 메뉴와 기능 안내가 세계 30여 개국의 언어로 번역되어 접근성도 개선되었다. 커피 로스팅을 배우고 시작하는 로스터들을 위해 이번 장에서는 실제 로스팅에 필요한 아티산의 기본 기능과 활용법을 알아본다.

아티산 프로그램은?

아티산은 커피 로스팅 프로파일을 기록, 분석, 제어하도록 지원하는 공개 프로그램이다. 이 소프트웨어는 로스팅 과정을 자동으로 기록해 로스터가 원하는 커피의 맛을 찾아내도록 도움을 준다. 이 프로그램은 오픈 소스를 지향했기 때문에 자세한 연혁은 홈페이지에도 정보가 공개되어 있진 않지만 Rafael Cobo, Marko Luther 등의 프로그래머와 유지 보수자 등이 지속적으로 운영하고 있다. 공식 홈페이지 artisan-scope.org에서 정보 확인이 가능하다.

☕ 프로그램 설치

아티산은 맥, 윈도우, 리눅스 등 사용하는 운영 체계에 맞게 사용할 수 있고, https://github.com 에서 무료로 다운로드가 가능하다. 현재 2.6 버전까지 업로드되어 있다.

☕ 프로그램 설정(Setup)

프로그램을 설치하고 상단 메뉴바에서 [설정(Config)] - [기계(Machine)]에 들어가면 사용하고 있는 로스팅 머신을 선택할 수 있다. 현재는 전 세계 60여 개 브랜드에서 생산하는 130여 개의 모델을 선택할 수 있도록 지원한다.

Arc
S/800

BC Roasters

Besca
BSC & Bee

Coffed
SR3/5/15/25/60

IP-CC
iRm Series

KapoK
K500/1.0/5.0

Kirsch & Mausser

Phoenix
ORO 5/8

Probat
Probatone 5/12/25, P Series

Roastmax

Sedona
Elite

Toper
TKM-SX, Cafemino,..

〈아티산에서 지원하는 브랜드와 모델들〉

현재 생산되는 로스팅 머신은 아티산과 연동되도록 디지털 변환 장치가 있지만 5년 이상 된 머신은 별도의 디바이스(Device)를 설치해야 한다. 아티산에 많이 연결해서 사용하는 디바이스는 Pidgets이다. 머신의 온도 센서를 피젯 하드웨어와 연결하고, 피젯 드라이버를 컴퓨터에 설치한 후 아티산에서 타입을 선택([Configure] − [Machine])하면 된다.

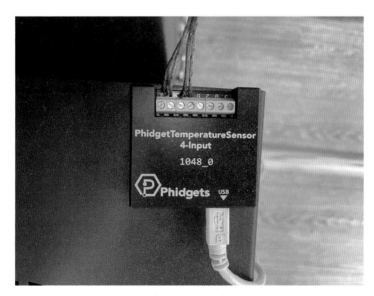
〈Phigets 디바이스〉

〈Phidget 디바이스 선택〉

디바이스 선택이 끝나면 디바이스 설정을 해야 한다. [설정(Config)] – [온도 센서 설정 (Devices)]에 들어가면 설정 창이 나타나는데 여기서 ET/BT 그래프와 LCD에 표시될 온도 등을 선택한다. 설정 창 맨 위 메뉴에서 장치에 대한 별도 설정도 가능하다.

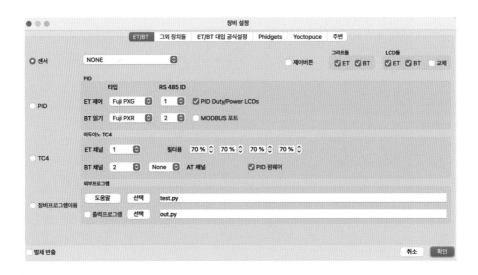

화면에 표시되는 온도나 언어 또한 설정에서 변경이 가능하다. 화씨나 섭씨 중에 선택하고 언어 또한 한국어 설정이 가능하지만 창에서 보듯 아직 번역이 완벽하지 않아 영어로 선택해 사용하는 것이 더 편할 수도 있다.

로스팅 머신의 온도 센서를 디바이스에 연결해 같이 사용한다면 별도의 설정이 필요하지 않지만, 머신 드럼이나 배출구 쪽에 온도 센서를 별도로 설치해 ET나 BT를 따로 측정한다면 디바이스 설정이 꼭 필요하다. 디바이스별 설정값은 해당 디바이스를 판매하는 업체가 제공한다. 디바이스 설정에 대한 자세한 내용은 아티산 공식 블로그 artisan-roasterscope.blogspot.com에서 확인이 가능하다.

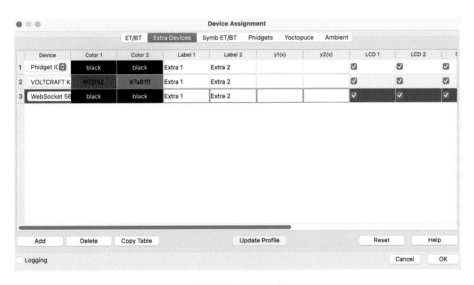

〈디바이스 선택 메뉴〉

아티산 프로그램은 정기적으로 업데이트가 이루어지고 있다. 새 버전을 다운로드해 설치할 경우 이전 설정은 그대로 유지된다. 설정을 안정적으로 저장하려면 [도움말(Help)] - [Save Setting]을 선택한다.

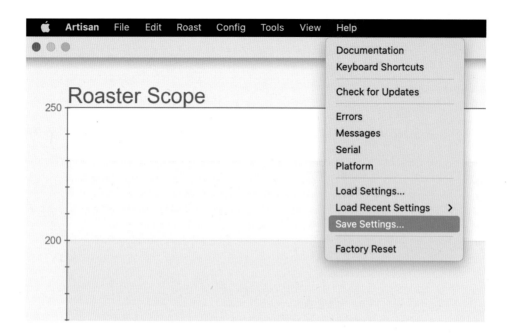

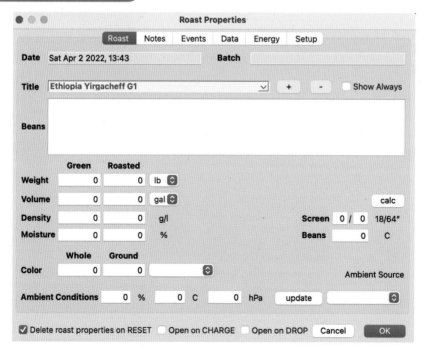 로스팅(Roasting) 메뉴 설정

① [Roast] – [Properties]

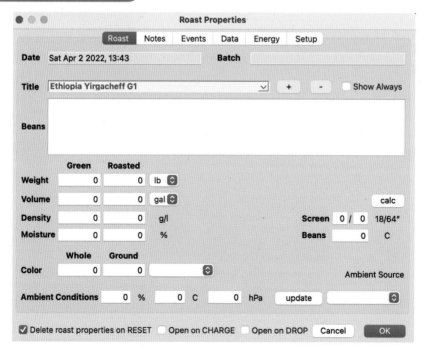

Roast 창에 로스팅할 생두 정보를 입력한다. 'Title'에는 생두 명칭, 'Beans'에는 생두에 관한 정보 메모가 가능하다. 무게는 단위를 kg으로 선택할 수 있고, 'Volume'은 생두의 부피를 말한다. 미국에서 만든 프로그램이라 미국식 계량 도표가 먼저 표시되지만 리터나 밀리리터로 선택할 수 있다. 'Density(밀도)', 'Moisture(함수율)', 'Screen Size', 'Beans'의 표면 온도 등 생두와 관련된 정보를 먼저 입력하고, 로스팅 후 색도계로 측정한 'Whole Bean', 'Ground Bean'의 색도를 기입한다. 'Ambient Condition'은 로스터기 주변 환경에 대한 내용으로 습도나 온도, 풍속 등을 기입한다.

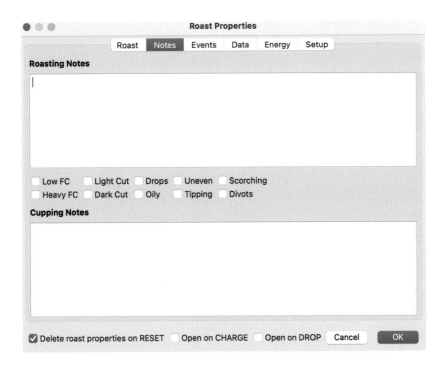

두 번째 서브 메뉴인 Notes 창에는 로스팅과 관련된 메모, 커핑 메모가 가능하다. 이런 정보들은 로스팅이 끝나고 파일로 저장할 때 함께 저장되어 다음에 다시 열람이 가능하다.

세 번째 Events 창은 로스팅이 진행되는 시점에서 발생하는 중요한 이벤트를 기록하는 창이다. 아티산에서는 로스팅 과정 중 발생하는 중요한 이벤트를 'Charge(투입)', 'Dry End(수분 날리기가 끝난 시점, 생두가 연노란색(Light Yellow)을 띠는 시점)', 'First Crack Start(1차 크랙 시작시점)', 'First Crack End(1차 크랙 종료 시점)', 'Second Crack Start(2차 크랙 시작 시점)', 'Second Crack End(2차 크랙 종료 시점)', 'Drop(배출)', 'Cool(식히기)'로 구분한다. 로스팅이 진행되는 화면에서는 다음과 같이 각 구간의 버튼이 생성되어 있어 로스터가 판단해 해당 시점에 버튼을 누르면 화면에 보이는 그래프에 각 시점이 표시가 된다. 만약 정확한 지점을 표시하지 못했다면 Events 창에서 시간을 수정하면 자동으로 그래프에도 반영이 된다. 반대로 로스팅 후 그래프 선에서도 마우스 오른쪽 버튼을 클릭하면 각 시점 수정이 가능하다.

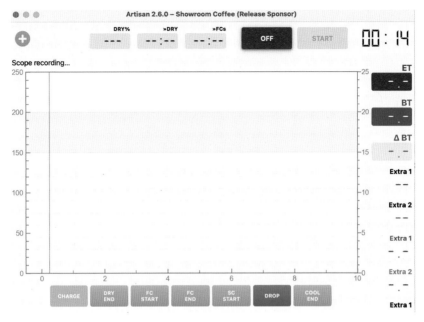

〈로스팅 기록 화면〉

로스트 메뉴 속성의 맨 마지막 창은 Setup 창인데 여기에는 로스터의 회사나 이름, 간단한 기계 정보와 연료를 기입한다. 한번 기입해 놓으면 수정하기 전까지는 설정 데이터를 계속 유지하므로 매번 설정할 필요는 없다.

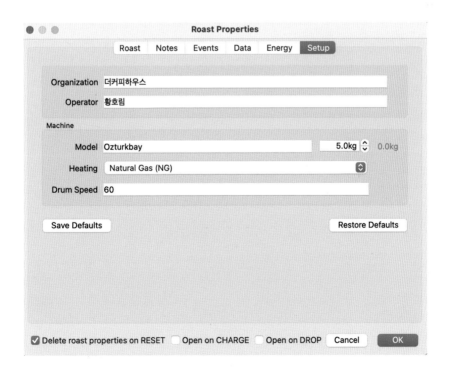

Setup 창 바로 옆 Energy 창은 사용하는 연료가 로스팅 시간대별로 얼마나 소비되었는지 백분율로 보여준다. 에너지 비용 계산이 필요할 경우 혹은 연료와 화력 비를 계산하려고 할 때 유용하게 사용할 수 있다.

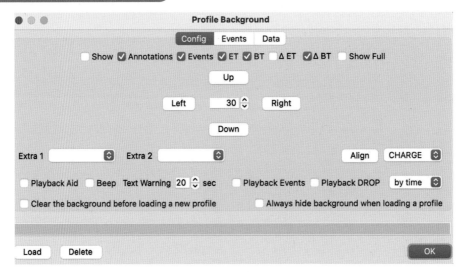

② [Roast] – [Background]

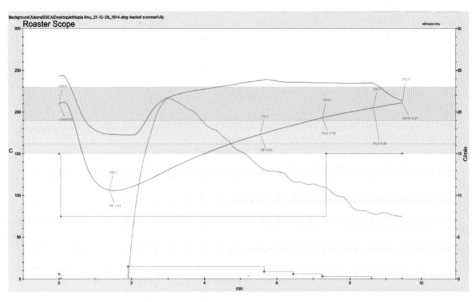

〈예전의 프로파일이 백그라운드에 적용된 모습〉

아티산의 가장 좋은 기능 중 하나가 바로 백그라운드 기능이다. "로스팅은 재현이 가장 어렵다"는 말이 있다. 이 말은 가장 좋은 결과물을 얻어낸 배치를 그대로 재현해 내기가 어렵다는 의미다. 그래서 필요한 기능이 바로 백그라운드 기능이다. 좋은 결과물을 얻어낸 배치를 파일로 저장하고 배경에 깔아 같은 그래프로 그려가며 로스팅한다면 좋은 결과물을 얻어낼 수 있는 확률이 높다. Background 창이 열리면 Config에서 표시할 내용들을 클릭하고 [Load(파일 찾기)]를 눌러 저장된 파일 중 필요한 파일을 찾아 [OK]를 누르면 예전의 데이터가 그대로 배경 화면에 나타난다. 현재의 로스팅 프로파일과 구분되도록 색상 설정도 가능하다. 자세한 설정법 역시 공식 블로그 artisan-roasterscope.blogspot.com을 참고하기 바란다.

③ [Roast] – [Cup Profile]

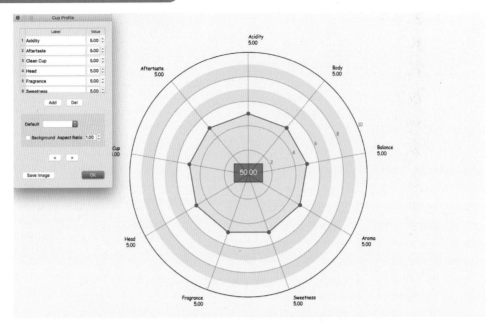

아티산은 로스팅한 결과물에 대한 컵 프로파일도 저장할 수 있다. 신맛, 여운, 클린 컵, 헤드, 단맛, 프래그런스, 아로마, 발란스, 바디 등 총 9가지 평가 항목을 1점~10점 기준으로 평가해 저장할 수 있다. 여기에 [Add]나 [Del]을 눌러 향미 평가 항목을 추가할 수 있다.

☕ 설정(Configuration) 메뉴

① [Config] – [Sampling Interval]

Sampling은 중요하게 생각하지 않고 그냥 지나칠 수 있는 정보지만 상당히 중요한 항목이다. 아티산은 디바이스에 연결된 프로브(Probe)에서 오는 온도 신호를 몇 초 단위로 처리할 것인지 선택이 가능하다. 기본적으로 3초에 맞춰져 있지만 로스터가 원하는 초 단위로 변경할 수 있다. 하지만 10초 이상으로 너무 길게 설정한다면 드럼 내부의 온도계가 측정하는 온도가 컴퓨터의 앱에 반영되는 시간이 너무 길어져 원치 않은 결과물을 만들 수 있다. 반대로 1초 정도로 너무 짧게 한다면 그래프에 노이즈가 많이 생겨 판독이 어려울 수도 있다. 3초나 5초 정도로 적절한 시간을 설정해 그래프가 부드럽게 이어지도록 해야 한다.

② [Config] – [Curves]

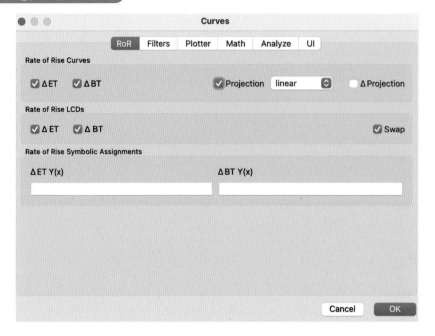

Curves 설정은 로스팅 과정을 그려주는 그래프 설정이기 때문에 중요하다. 로스팅 머신에 드럼용 온도 센서(BT)와 배출구 온도 센서(ET)가 각각 있다면 ET와 BT 모두 체크해야 두 그래프를 모두 그려낸다. LCD에도 ET, BT 모두 체크하면 화면 오른쪽 상단에 실시간으로 온도를 표시해준다. Projection에 체크하면 앞으로 진행될 추세선을 미리 보여준다.

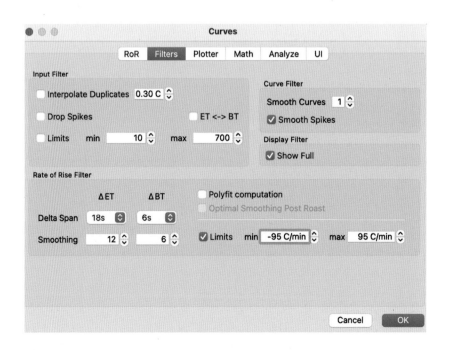

Filters 창은 그래프 곡선의 민감도를 설정하는 항목이다. Input Filter 항목은 제한된 범위 내에서 평균값이 너무 상회하거나 하회하면 그 값들을 제거하는 기능이다. 특별히 범위 지정을 하지 않고 사용한다면 설정할 필요는 없다. 그림처럼 Curve Filter 시간을 1분으로 설정하면 그래프가 요동을 치게 되므로 5분 정도로 설정하는 것이 좋다. △ET와 △BT 시간 또한 너무 짧은 시간으로 설정할 경우 민감하게 반응해 노이즈가 많이 발생하므로 초기 설정값으로 구동해보고 시간을 줄이거나 늘리는 것이 좋다. 여기에서 설정값을 변경하면 기존에 저장해 놓았던 로스트 프로파일에도 적용되어 파일을 열었을 때 변경된 데이터로 보여준다.

Curves 메뉴 중 Plotter는 별도로 설정하지 않아도 되고, Math 창에서는 제곱근 혹은 세제곱근 함수를 구할지 설정이 가능하고, Analyze 창에서는 적분값을 구할 Curve Fit 시점을 어디서부터 설정할 것인지 선택이 가능하다. Curve Fit은 잘 사용하면 로스팅에 많은 도움이 되는 기능이므로 활용편에서 다시 설명한다.

③ [Config] – [Events]

Events 메뉴에서는 화면에 표시되는 항목들을 지정한다. 에어, 드럼, 댐퍼, 버너 등 대부분의 항목과 화면 하단에 표시되는 버튼들의 종류도 필요한 기능은 모두 클릭한다. 이 창의 맨 하단에 'Auto CHARGE'와 'Auto DROP'이 있는데 자동 배출은 체크하지 않는 것이 좋다. 로스팅 진행 중 온도가 떨어지면 배출이 일어났다고 자동으로 표시하기 때문에 매번 수정해야 하는 번거로움이 있다. 자동 투입 기능은 항상 켜고 사용하면 편리하다.

Events 창 오른쪽 상단에 있는 Markers도 종류를 선택할 수 있는데 그래프 상에 중요 지점들을 어디에 마킹할 것인지 선택하는 것이다. 다음 두 개의 예시를 참고해 자신이 보기 편리한 기능으로 선택하면 된다.

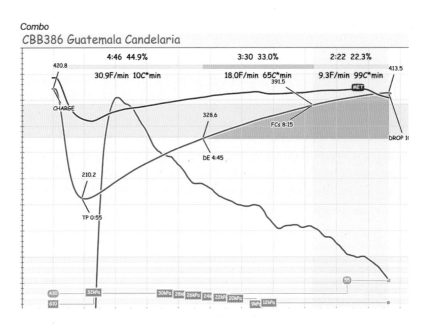

〈Combo를 선택했을 때: 열량 표시가 하단에 위치〉

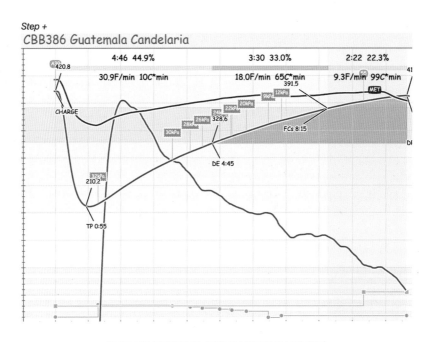

〈STEP+를 선택했을 때: 열량 표시가 BT 곡선에 위치〉

④ [Config] – [Buttons]

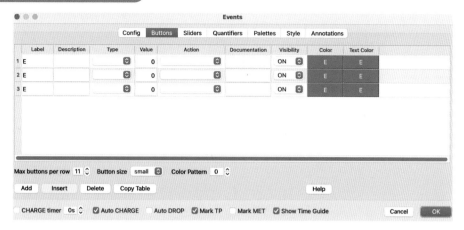

Events 메뉴의 Buttons 창은 버튼 기능인데 여기서 필요한 버튼을 만들어서 사용할 수 있다.
[Add]를 눌러 버튼의 이름과 타입, 색상, 글자색 등을 설정해 사용할 수 있다. 미압계 수치를 단
위별로 만들고 설정하면 미압계를 변경했을 때 스크롤 버튼을 사용하지 않고 버튼만 누르면 되
므로 편리하다.

⑤ [Config] – [Sliders]

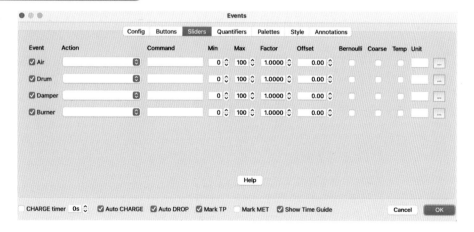

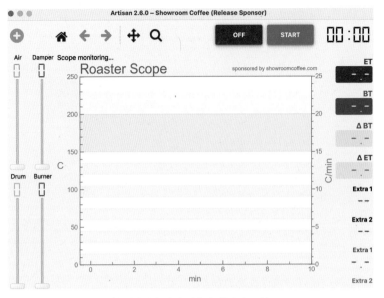

〈슬라이더가 화면 좌측에 생성된 모습〉

Sliders 메뉴는 Air, Damper, Drum, Burner 등 수치화시켜 사용 가능한 항목들을 체크하기 쉽게 하는 기능이다. Sliders 창에서 필요한 기능을 선택하고 최소치와 최고치를 설정하면 로스팅 화면 왼쪽에 슬라이더가 생성된다. 이렇게 슬라이더로 사용해도 되고, 버튼을 만들어 사용해도 된다.

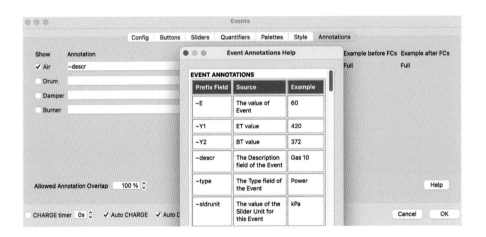

Annotation 창은 Markers 기능 중에 Step 혹은 Step+ 기능을 사용하는 사람들을 위한 메뉴다. 도움말(Help)을 누르면 에어, 드럼, 댐퍼 등의 수치를 스텝 위에 표시할 수 있도록 하는 수식이 나온다. 이 명령어를 그대로 복사해 Annotation에 붙여 넣고 저장을 누르면 로스팅 프로파일에 다음과 같이 표시된다.

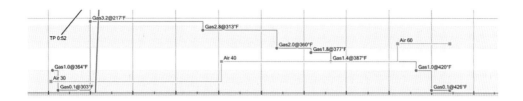

⑥ [Config] – [Quantifiers]

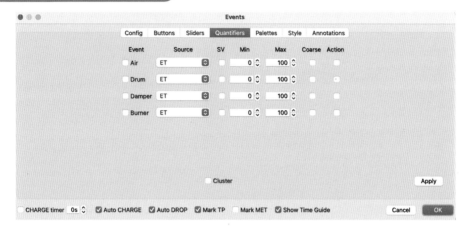

Quantifiers 창은 에어, 드럼, 댐퍼, 버너의 수치를 자신의 로스팅 머신의 수치에 맞게 변환하는 기능이다. 예를 들어 A사는 댐퍼의 수치를 1~10의 범주로 설정하는데, B사는 10~100의 범주로 설정하기도 한다. 통일된 수치나 규격이 없기 때문에 여기서 오는 혼란을 없애기 위해 추가된 기능이다. 자신의 머신 수치에 맞게 최소, 최대 수치를 적용해 사용하면 된다.

⑦ [Config] – [Alarm]

Alarm 기능은 로스터가 놓치기 쉬운 구간을 알려주는 기능이다. 팝업 또는 음성 알람 설정이 가능하며, 설정하려는 구간별로 세팅 값과 액션을 선택해 저장하면 되고 디바이스와 컴퓨터가 꼭 연결되어 있어야 설정이 가능하다.

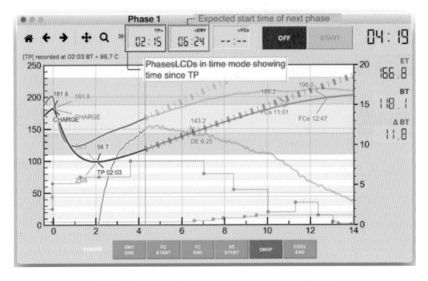

Phases 메뉴는 로스팅 진행 과정에서 다음 단계를 미리 예측해 알려주는 기능이다. 퍼센티지, 시간, 온도 중 선택이 가능하고 로스팅 화면 상단 중앙 LCD 패널에 다음과 같이 표시된다. 로스터의 판단에 도움을 주는 기능인데 정확하지는 않으므로 참고만 하기 바란다.

⟨시간으로 설정했을 때 다음 단계 예측 시간이 표시된다.⟩

⑨ [Config] – [Statistics]

Statistics 메뉴는 로스팅 통계 자료를 기록하고 보여주는 기능이다. 'Summary'에 체크하고 저장하면 로스팅이 종료됨과 동시에 화면 오른쪽에 로스팅 날짜, 배치 횟수, 드럼 스피드, 생두 정보, 환경 정보 등을 표시해주며, 이 자료를 그대로 인쇄해 커피백에 붙여 사용할 수도 있다.

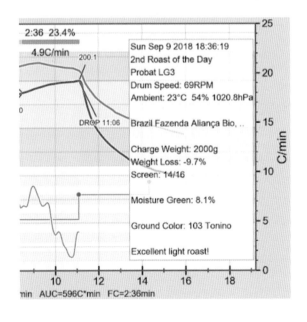

⑩ [Config] – [Axis]

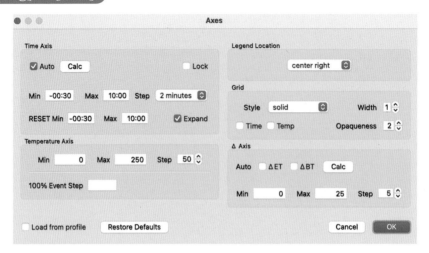

Axis 메뉴는 온도나 시간 축의 최소, 최대폭을 설정할 수 있다. 시간 축의 경우 분 단위 설정과 표시되는 시간선 설정도 가능하다. 하나씩 숫자를 바꿔 설정해보고 자신이 보기 편한 단위로 X 축과 Y축을 설정하기 바란다.

⑪ [Config] – [Colors]

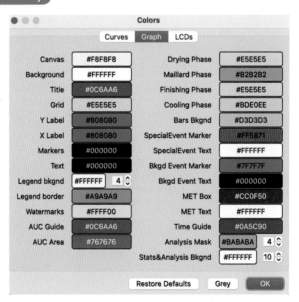

Colors 메뉴에서는 배경 화면, 그래프, 선형의 색상 선택과 변경이 가능하다. 중요한 부분 일수 록 눈에 잘 띄는 색상으로 선택해 활용하면 좋다.

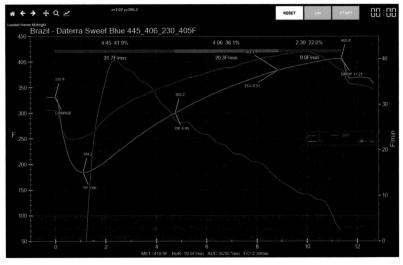

〈Midnight 테마〉

Themes 메뉴는 화면에 보여지는 테마를 변경할 수 있는 기능이다. Clean을 선택하면 화면 배경이 흰색, Focus를 선택하면 회색, Midnight을 선택하면 검정으로 바뀐다.

⑬ [Config] – [Autosave]

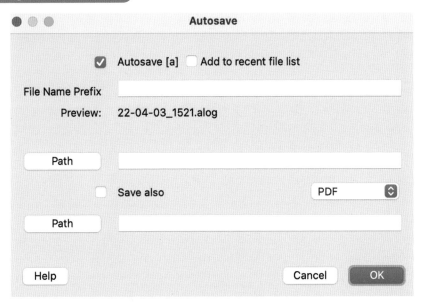

Autosave 메뉴는 아티산 파일을 다른 형식으로 저장하는 기능이다. 아티산으로 저장된 파일은 프로그램이 설치된 컴퓨터에서만 열람이 가능하지만 이 기능을 이용하면 PDF 형식 등으로 변환하여 어디에서나 열람 가능하다. 저장할 파일 형식과 경로를 지정하면 되고 저장은 [File] − [Save Graph]에서 파일 형식을 선택하고 저장해도 된다.

⑭ [Config] − [Batch]

Batch는 머신의 관리와 유지 보수를 위해 몇 번 볶았는지 배치 수를 표시해 주는 기능이다. 이 횟수를 참고로 머신의 청소 등 유지 보수 계획을 수립할 수 있다.

☕ 도구(Tools) 메뉴

① [Tools] – [Analyzer]

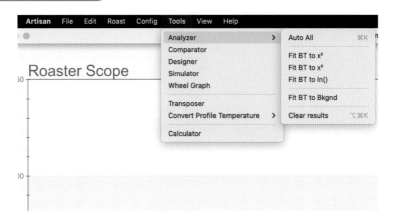

Analyzer 기능은 아티산이 지속적으로 업그레이드되면서 추가된 기능이다. 이 기능은 로스팅의 일관성을 측정하고, 프로파일의 개선점을 찾고, 설정된 측정값에 대해 점수를 매기고자 하는 필요에 의해 탄생했다. 프로파일 분석 기능에서는 통계 요약, 계량치, 산술치, AUC 값 등을 표시한다. 이 기능은 중요한 부분이라 활용편에서 자세히 설명한다.

② [Tools] – [Comparator]

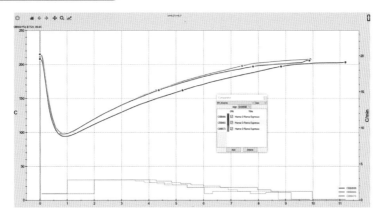

Compatator는 비교 분석 기능이다. 같은 콩을 여러 번 반복해서 볶았는데 로스팅 과정이 어떻게 달라졌는지 비교할 때 유용한 기능이다. 가장 좋은 결과물을 얻었을 때를 기준으로 비교 분석해 보면 어디서 어떻게 차이가 났는지 한눈에 보여주는 도표다. 이 역시 활용편에서 자세히 설명한다.

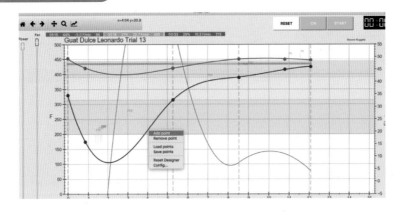

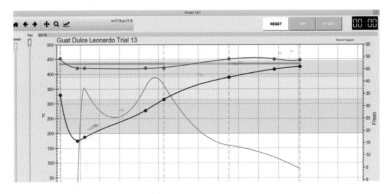

Designer 메뉴는 기존의 프로파일에 중요한 포인트를 추가하고 추세선을 수정해 저장한 다음 백 그라운드로 불러와 다음 로스팅 참고 자료로 사용할 수 있도록 하는 기능이다. 디자이너 기능을 사용하면 기존의 프로파일이 변경되므로 중요한 파일의 경우 백업을 받아놓고 사용하는 것이 좋다. BT 곡선상에 중요한 시사점을 추가하거나 삭제해 수정이 가능하고 가장 이상적인 로스팅 프로파일을 로스터가 임의로 디자인할 수 있다. 다양한 방법으로 로스팅을 해보고 최상의 결과물을 얻어낼 수 있는 실험적인 도구다.

④ [Tools] – [Simulator]

직접 콩을 볶지 않고서도 시뮬레이션으로 그래프를 그려 볼 수 있는 기능이다. 시간이나 온도를 원하는 수치로 지정할 수 있어 시연이나 교육용 자료를 만드는 데 유용하다.

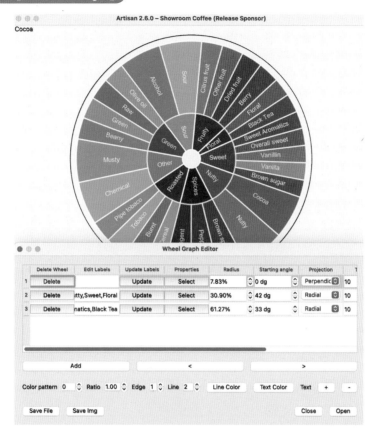

Wheel Graph는 SCA 플레이버 휠을 바탕으로 자신만의 플레이버 휠을 만들 수 있도록 하는 기능이다. 휠의 이름, 너비, 색상 등을 자유롭게 변경할 수 있어 커핑 자료를 만드는 유용한 도구다. 이렇게 만든 휠은 PDF 파일로 저장이 가능해 인쇄해서 사용할 수도 있다.

⑥ [Tools] – [Transposer]

Transposer는 한 기계에 기록된 프로파일을 다른 기계에 적용해 매핑하는 기능이다. 로스팅 머신마다 프로브의 종류가 다르고, 온도에 대한 반응 속도나 에어의 흐름이 다르기 때문에 한 기계에서 생성한 프로파일을 다른 기계에 접목해 로스팅하면 절대 같은 결과물을 얻어낼 수 없다. 하지만 Dry End, First Crack Start 등 물리적 변화에 따라 식별할 수 있는 몇 가지 기준을 중심으로 트랜스포저에 그 수치들을 입력하고 예상치를 계산할 수 있다. 참고 자료로만 활용하는 것이 좋다.

⑦ [Tools] − [Converter Profile Temperature]

프로파일에 기록된 온도를 섭씨↔화씨로 변환해 주는 기능이다. 미국은 화씨 개념을 사용하기 때문에 만들어진 기능이다. [Config] − [Temperature]에서 섭씨로 적용해 놓았다면 이 기능을 별도로 사용할 일은 없다.

⑧ [Tools] − [Calculator]

온도, 무게 등 계량형 환산 도구다. 로스팅에 필요한 여러 가지 계산기 기능이다.

아티산 프로그램의 활용

☕ 온도 증가율(Rate of Rise)

ROR의 개념은 3장의 로스팅 방법론에 설명되어 있지만 여기에서는 온도 변화에 대한 측면에서 다시 한번 설명한다. 온도 증가율은 온도가 상승하는 정도를 의미한다. 온도 상승과 하강이 아티산 프로그램에서는 어떻게 해석되고 보여지는지 예를 들어 설명한다.

① 온도 증가율(ROR)이 일정하다 = 온도 상승률이 일정하다

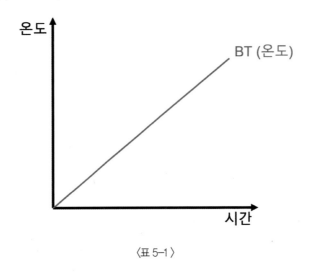

〈표 5-1〉

온도 증가율이 일정한 것은 일정한 비율로 온도가 상승한다는 것을 의미이기 때문에 그래프는 〈표 5-1〉과 같은 형태를 띤다.

② 온도 증가율(ROR)이 하강한다 = 온도가 상승하는 정도가 줄어든다

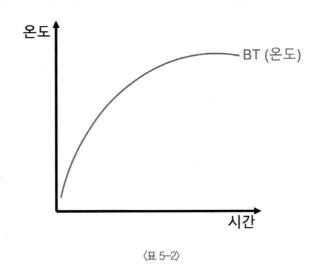

〈표 5-2〉

온도 증가율이 하강한다는 것은 온도 상승률이 줄어든다는 의미이므로 그래프는 〈표 5-2〉와 같은 형태를 띠게 된다.

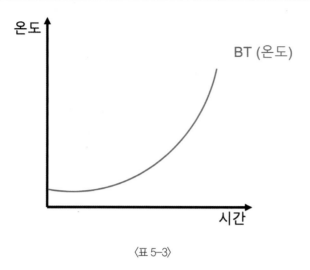

〈표 5-3〉

온도 증가율이 상승한다는 것은 온도가 상승하는 정도가 늘어나는 것이므로 그래프는 〈표 5-3〉과 같다.

④ 열량 = 시간 × 온도

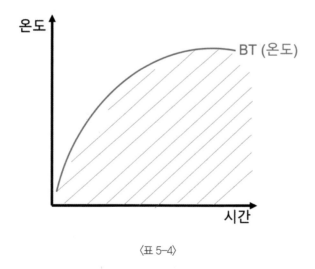

〈표 5-4〉

열량은 커피콩에 가해지는 에너지를 의미한다. 열량은 시간과 온도에 비례하기 때문에 〈표 5-4〉에서 그래프의 파란색 빗금의 넓이가 로스팅 중 커피콩에 가해진 총열량이 된다.

〈표 5-1〉, 〈5-2〉, 〈5-3〉을 놓고 비교했을 때, 같은 시간 안에 같은 온도에 도달했다고 할지라도 ROR이 일정하게 하강하는 그래프인 〈표 5-2(혹은 표 5-4)〉의 밑넓이가 가장 넓다. 즉, 커피콩에 더 많은 열량을 가할 수 있다는 의미다. 그래서 〈표 5-2〉처럼 ROR을 일정하게 하강시키는 방법이 좋다고 하는 것이다.

아티산 프로그램에서 ROR은 30초 혹은 60초 단위로 측정되어 델타(△)값으로 표시된다. ROR의 기준 단위는 '℃/분(1분 동안 온도가 얼마나 상승하느냐를 알려주는 수치)'으로 표시된다. 일례로 현재 BT는 130℃, 로스팅을 시작한 지 3분 지났고, 30초 뒤인 3분 30초에 BT가 140℃라면, 30초 사이에 10℃ 상승한 비율이기에 1분 동안에는 20℃ 상승할 비율이 된다. 따라서 'ROR = 20℃/분' 형태로 표시된다.

ROR이 높을수록 산도가 높은 로스팅 결과물을 얻을 수 있고, 낮을수록 단맛 조절에 도움이 된다. 아티산에서 Top(Max) ROR은 ROR이 최고일 때를 의미하며 터닝포인트 이후의 단계(음에서 양으로 변함)를 말한다. Crack ROR은 1st Crack 동안의 온도 변화를 의미(콩에서 증기가 방출되어 ROR이 흔들릴 수 있음)한다. Final ROR은 로스팅이 끝난 시점을 의미(콩이 건조해지므로 온도를 높이는 것은 주의)한다.

☕ 아티산 로스팅 화면 읽기

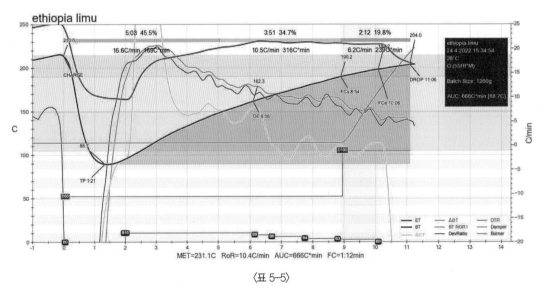

〈표 5-5〉

아티산 프로그램을 구동하여 로스팅했을 때 결과물은 〈표 5-5〉와 같이 표시된다. BT로 표시되는 청색 선은 드럼 내부의 온도계가 측정한 커피콩 더미의 온도, ET로 표시되는 적색 선은 잠열(에어 플로우)의 온도다. 반열풍식 로스터의 경우 드럼 모터의 영향으로 드럼 상단과 에어 플로우 쪽에 뜨거운 열이 더 많이 쌓이게 되므로 적색 선(ET)이 항상 더 높게 나타난다.

△BT로 표시되는 청색 하향 곡선이 드럼 내부의 ROR 곡선, △ET로 표시되는 노란색 하향 곡선이 에어 플로우 ROR 곡선이다. 에어 플로우 ROR 곡선은 로스팅 열 조절에 참고하는 용도로는 사용하지만 분석에는 사용하지 않으며, 중요한 것은 청색의 드럼 ROR 곡선이다. 검은색 하향 곡선은 청색 ROR 곡선보다 먼저 반응하도록 설정해 놓은 또 다른 ROR 곡선이다. 청색의 ROR 곡선은 30초마다 반응하지만 검은색은 10초마다 반응해 드럼 내부의 온도를 프로그램에 조금 더 빨리 전달함으로써 로스팅 중간 중간에 열 조절에 참고하는 용도다. 아티산 프로그램에서 ROR 전체 면적에 대한 계산은 파란색 ROR 곡선으로 한다.

분홍색 선으로 표시되는 DTR은 1차 크랙부터 계산하기 때문에 1차 크랙 시작점 전까지는 평행선을 유지하다 이후 상승 곡선을 그린다. 이 그래프의 기울기가 완만하면 디벨롭 타임(DTR)이 천천히 진행되었음을 의미하고 급격할수록 빠르게 진행되었다는 의미다.

댐퍼나 버너는 화면의 아래쪽에 표시되는데 댐퍼의 경우 50으로 시작해 9분경 100으로 오픈했음을 알 수 있다. 버너의 경우에도 0→10→8→6→4→3→0 순으로 조절되었음을 알 수 있다.

〈표 5-5〉 상단에 녹색, 노란색, 갈색으로 표시되는 부분은 각각 건조(수분 날리기) 구간, 마이야르 반응 구간, 캐러멜화(DTR) 구간을 나타낸다. 전체 로스팅 시간 중 녹색 수분 날리기 구간은 5분 3초 45.5%를 차지하고 있음을 나타내고 다른 구간도 시간과 비율로 표시된다. 각 구간을 얼마만큼의 시간과 비율로 로스팅하느냐에 따라 맛과 향이 크게 달라지므로 이 비율을 조절해 로스팅 플랜을 세우기도 한다.

〈표 5-5〉의 상단 우측 빨간색 박스 안의 내용은 로스팅 날짜, 시간, 무게, 환경 등이 메모되어 있다.

〈표 5-5〉 맨 아래 표시되는 내용 중 MET는 배기 온도(에어 플로우)의 최댓값을 말하며 도표의 로스팅 최대 배기 온도는 231.1도였음을 알 수 있다. ROR은 분당 10.4도씩 증가했고, AUC(총 에너지 공급량)는 666도, 1차 팝은 1분 12초 동안 진행되었음을 알 수 있다.

☕ 총에너지 공급량(Area Under Curve)

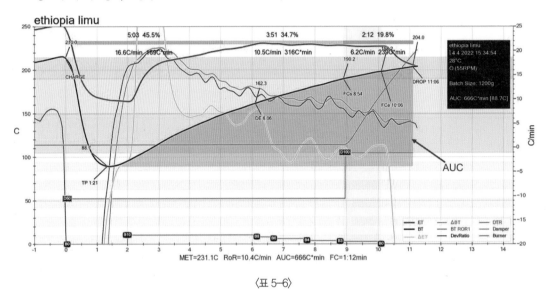

〈표 5-6〉

〈표 5-6〉에서 파란색의 BT 곡선 아래 회색 삼각형 형태로 표시된 부분이 총에너지 공급량(AUC)이다. AUC는 로스터의 필요에 따라 터닝포인트 시점부터 시작할 것인지, 드라이 엔드 구간에서부터 시작할 것인지 설정이 가능하다. 표에는 터닝포인트에서 배출 시점까지의 면적을 계산한 값이 666도라고 맨 하단에 기록되어 있다.

AUC는 특정 시점을 기준(기본 온도)으로 하여 로스팅이 끝나는 지점(Drop)까지 계산되는 총공급 에너지양을 말한다. 기준점과 BT 곡선 아래의 면적이 로스팅 과정에서 원두가 받는 총에너지에 대한 지표다. AUC는 같은 콩을 로스팅할 때 일관된 로스팅 척도로 사용할 수 있다. ROR이 현재 온도 상승 속도를 표현하는 반면 AUC는 과거의 속도를 나타낸다.

같은 생두를 비슷한 열량으로 로스팅하면 로스팅 정도가 거의 같다고 가정할 수 있는데, 이는 고온으로 짧게 로스팅하는 경우와 낮은 온도로 오래 로스팅하는 경우 같은 콩에 같은 열량을 공급하면 같은 결과물이 나올 수 있다는 것을 의미한다.

AUC 값은 밑변의 길이를 초로 환산해 이 값을 다시 분으로 환산하여 계산한다. AUC의 높이는 시작점과 배출 시점의 온도 차를 의미한다. 길이 × 높이 = AUC 값(적분 된 함수값)으로 계산되는데 이는 흡열 구간의 합을 의미하기 때문에 같은 시간, 같은 열량의 반응을 보는 자료로 활용하는 것이다. 하지만 시간이 길어지면 면적이 넓어져 값이 커지기 때문에 이것이 커피에 가해지는 열량인지 판단하기가 모호하고, 1차 팝 이후의 구간이 길어지면 값이 커지는 경향을 보이기 때문에 꼭 이 수치에만 의존하기에는 한계점이 있다.

AUC 설정은 상단 메뉴 [Config] – [Statistics]에서 선택이 가능하다.

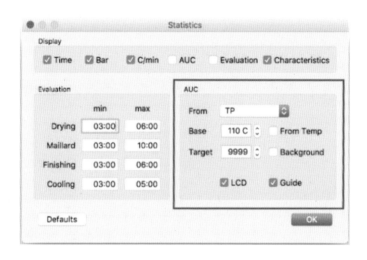

☕ 아티산 프로그램에서의 DTR(Development Time Ratio)

DTR의 개념은 앞에서도 설명했지만 아티산에서 활용하는 방법을 설명한다. DTR은 1차 크랙 시작점부터 배출까지의 시간을 비율((Development Time / Total Time) × 100)로 표시한 것이다. 로스팅에서 'Development'는 '향미 발현'을 의미하지만, 로스팅에서 향미 발현은 갈변 반응이 시작되는 '마이야르 반응' 단계에서부터 시작되기 때문에 1차 크랙 이후를 특정해 Develop 시간이라고 지칭해서는 안 된다는 의견도 있다.

DTR을 아티산 화면에서 표시하기 위해서는 아래 과정을 거쳐야 한다.

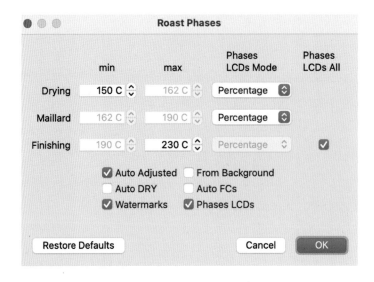

메뉴 [Config] – [Phase]에서 'Phases LCDs All'과 'Phases LCDs' 체크한다.

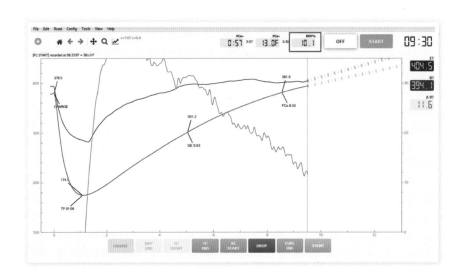

로스팅 화면의 Dev%는 로스팅 시작부터 표시되는 것이 아니라 1차 크랙이 시작되는 시점부터 표시된다.

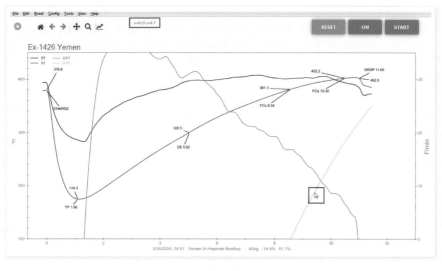

〈표 5-7〉

〈표 5-7〉의 초록색으로 보이는 선처럼 DTR 곡선을 별도로 표시하도록 설정이 가능하다. [Config] – [Device] – [Extra Devices] – [Add] – [Level 1] 선택 후 'DTR → yi(x)' 값에 다음 수식 을 삽입하면 된다.

$$100 * \max(0, (t-t\{FCs\})) / (t-t\{CHARGE\})$$

그다음 'Curve 1', 'Delta Axis'만 체크하고 다른 항목은 해제한 다음 [OK]를 누른다. 그래프에서 Y축 값을 %로 표시하도록 읽으려면 윈도우에서는 'Ctrl + Shift + D' 키를 누르고 그래프를 클 릭하면 된다. DTR을 비율로 표시하려면 다음과 같이 [Config] – [Statistics]의 'Time', 'Bar'를 체크한다.

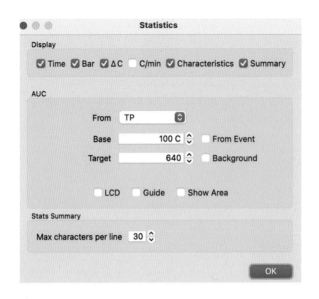

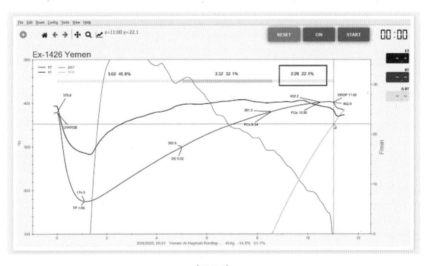

〈표 5-7〉

설정하면 〈표 5-7〉에서 보이는 것처럼 드라이 구간과 마이야르 반응 구간의 비율도 DTR과 함께 비율로 표시된다.

핸드드립 등 브루잉 추출에 사용할 싱글 원두에 적합한 DTR은 20% 이내, 에스프레소용 원두는 25% 내외가 적정하다고 한다. 하지만 적정 DTR 비율은 로스팅 환경(댐퍼/Fan/드럼 속도 설정 등)에 따라 다르게 나타나기 때문에 절대적인 것은 아니다. DTR은 단순 시간의 비율이기 때문에 같은 시간 동안 같은 비율의 DTR로 로스팅한다고 할지라도 배출 시점에 콩의 온도가 다를 수 있으므로 시간과 DTR이 같다고 해도 같은 맛의 커피로 볶을 수는 없다. 로스팅 환경은 매일 달라질 수 있고, 로스팅의 대상물인 생두도 구입하는 시점에 따라 다른 컨디션이 되기 때문에 DTR로 표시되는 숫자를 너무 맹신하지 말고 참고 자료로 활용하는 것이 좋다.

프로파일 분석(Profile Analyzer)

로스팅의 일관성 측정과 프로파일의 개선점을 찾고, 설정된 측정값에 대해 로스트 점수를 매기고자 하는 필요에 의해 탄생한 기능이다. 프로파일 분석 기능에서는 통계 요약, 계량치, 산술치, AUC 값 등을 표시한다. 이 분석에서는 3가지 수학적 곡선을 계산하여 BT 곡선에 맞출 수 있다. 계산된 최적합 BT 프로파일 곡선은 적합 ROR(ΔBT)과 함께 배경에 배치된다. 배경의 최적합 BT 곡선과 비교 대상 프로파일의 BT 곡선을 비교해 정보를 표로도 보여준다.

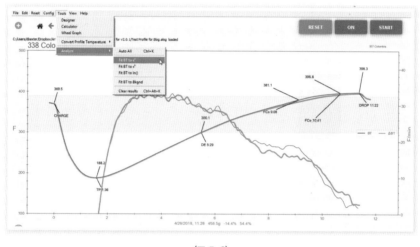

〈표 5-8〉

〈표 5-8〉에서 붉은색으로 표시된 BT 곡선이 프로파일 분석으로 계산된 최적합 프로파일 곡선이다. 이 곡선은 [Tools] - [Analyzer] - [Fit BT to x^2]을 선택해 X의 제곱 값으로 계산한 것이다. 최적합 곡선의 색상은 [Config] - [Colors]에서 변경이 가능하다. 프로파일 분석 기능을 실행한다고 해서 원본 파일이 훼손되지는 않으니 제곱, 세제곱, 로그값을 모두 선택해 실행해도 된다.

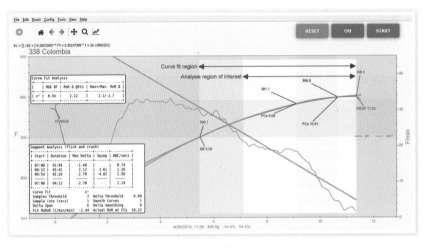

〈표 5-9〉

분석기를 처음 실행하면 결과 상자가 서로 겹쳐지고 그래프가 표시된다. 결과 상자를 다른 위치로 이동하여 원하는 위치에 배치하는 것도 가능하다. 〈표 5-9〉에서는 곡선 적합 결과가 표시(적색 선)되었다. BT를 x^2 곡선에 적합시켰기 때문에 곡선 적합 ROR이 좌측 상단에서 우측 하단으로 길게 표시되었다. ROR 곡선이 이 선을 근접해 그려졌다면 필요한 열량이 잘 공급되었다는 의미다.

Curve Fit Analysis 상자에서 MSE BT 값은 프로파일이 선형(직선) ROR과 얼마나 밀접하게 비교되는지 측정한 값이다. 프로파일 분석 BT와 로스팅 곡선 적합 BT가 완벽하게 일치되면 MSE 값이 0으로 표시된다. 즉, 0과 가까울수록 정확도가 높고, 숫자가 커질수록 정확도가 떨어진다는 것을 의미한다.

〈표 5-9〉 그래프에서 'Curve Fit Region'으로 표시된 화살표 영역이 로스팅 곡선의 적합도가 시작된 영역이고, 'Analysis Region Of Interest'로 표시된 영역이 최적합 프로파일과 로스팅 프로파일의 비교 영역이다. 각 영역의 시작 구간은 [Config] – [Curves] – [Analyze] 탭에서 설정이 가능하며 [Config] – [Phases] – [Watermarks]에서 테마의 색상 설정도 가능하다.

〈표 5-9〉에서 아래 큰 상자는 Flick & Crash를 나타낸다. 이 표는 우측 상단에 붉은색 화살표로 표시된 Analysis Region Of Interest 영역의 ROR(ΔBT)을 부분적(Segment)으로 분석한 결과표다. 로스팅 ROR이 최적합 ROR 곡선을 교차하는 시작점과 끝나는 시점을 부분적(Segment)으로 분

석한 것이다. 표에서는 첫 번째 Segment가 7분 8초에 시작(Analysis Region Of Interest)되었는데, 이때 로스팅 ROR을 보면 최적합 ROR 곡선 아래에 위치해 있다. 8분 12초에는 로스팅 ROR이 두 번째 Segment를 시작하는 최적합 ROR을 교차하는 것을 볼 수 있다. 세 번째 Segment는 9분 54초에 로스팅 ROR이 다시 최적합 ROR을 교차하는 것을 볼 수 있다.

ABC/s는 곡선 사이의 영역을 초 단위로 나눈 값으로 Flick & Crash의 값을 표시한다. 두 번째 및 세 번째 Segment 값을 보면 1.0보다 큰 ABC/s 값을 표시하여 Flick & Crash 현상이 눈에 띄게 발생했음을 알 수 있다.

```
Segment Analysis (flick and crash)
+-------+----------+-----------+--------+----------+
| Start | Duration | Max Delta | Swing  | ABC/secs |
+-------+----------+-----------+--------+----------+
| 06:52 | 00:09    | -0.55     |        | 0.41     |
| 07:01 | 00:07    | 0.56      | 1.12   | 0.38     |
| 07:08 | 00:12    | -0.72     | -1.29  | 0.44     |
| 07:20 | 00:09    | 0.35      | 1.07   | 0.23     |
| 07:29 | 00:08    | -0.38     | -0.73  | 0.23     |
| 07:37 | 00:27    | 1.60      | 1.98   | 0.91     |
| 08:04 | 00:18    | -0.61     | -2.21  | 0.30     |
| 08:22 | 00:53    | 1.20      | 1.80   | 0.73     |
| 09:15 | 01:25    | -1.59     | -2.79  | 0.65     |
| 10:40 | 00:03    | 0.15      | 1.74   | 0.10     |
| 10:43 | 00:01    | -0.06     | -0.20  | 0.00     |
| ~~~~~ | ~~~~~    | ~~~~~     | ~~~~~  | ~~~~~    |
| 06:52 | 03:52    | 1.60      | -      | 0.61     |
+-------+----------+-----------+--------+----------+
Curve Fit              x²
Samples Threshold       0    Delta Threshold      0.00
Sample rate (secs)      1    Smooth Curves           1
Delta Span              6    Delta Smoothing         8
Fit RoRoR (C/min/min) -2.26  Actual RoR at FCs    8.70
```

〈표 5-10〉

Analyze 메뉴는 x^2, x^3, ln() 세 가지 곡선을 프로파일의 BT에 맞춘다. 비교 적합치는 Auto All 실행 후 그래프에 표시되고, 적합 결과는 〈표 5-10〉처럼 분석 상자에 표시되며 결과는 오름차순으로 정렬된다. Segment Analysis(분할 분석) 상자에는 x^2 적합치에 대한 결과가 표시된다. 백그라운드 자료와 비교하려면 [Tools] – [Analyze] 메뉴에서 'Fit BT to Bkgnd'를 선택해서 분석을 실행하면 결과값이 표시된다.

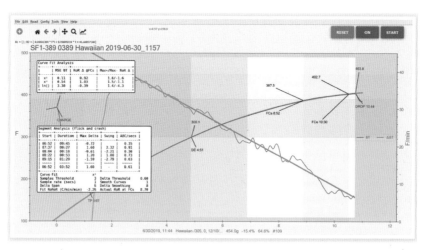

〈표 5-11〉

〈표 5-11〉에서 Curve Fit Analysis Table을 정리해 보면 다음과 같다.

- MSE BT : 로스팅 BT 곡선과 최적합 곡선과의 차이
- ROR Δ @FCs : 1차 크랙 시작점부터 최적합 곡선과 로스팅 BT 곡선의 차이
- Max+/Max− ROR Δ : BT ROR(ΔBT)과 최적합 ROR 곡선 사이의 최대 산술 차이
- Max+는 BT ROR이 최적합 ROR 곡선보다 클 경우
- Max−는 BT ROR이 최적합 ROR 곡선보다 작을 경우

〈표 5-11〉에서 Segment Table(Crash & Flick)을 정리해 보면 다음과 같다.

- Start : 발생 시점의 시각
- Duration : 지속 시간
- Max Delta : 로스팅 BT와 최적합 ROR 사이의 최대 차
- Swing : 이전 세그먼트의 최대 델타값과 현재 세그먼트의 최대 델타값
- ABC/secs : 두 곡선 사이의 영역을 세그먼트 초 단위로 나눈 값. 각 세그먼트에 대해 BT ROR과 최적합 ROR 사이의 영역을 계산하고 해당 영역을 초로 나눈다. 이 값이 Crsh & Flick의 심각도를 나타냄
- 0에 가까울수록 좋음

☕ 프로파일 분석 옵션을 세팅하는 방법

① Curve Fit and Interval of Interest Options

- Start of Curve Fit Window : Curve Fit 시작점 설정. 설정된 시점부터 종료 시점까지 Curve Fit이 적용됨
- Custom offset seconds from CHARGE : 'Custom'을 선택하면 생두 투입 후부터 Curve Fit 적용

② Interval of Interest Options

- Start of Analyze interval of interest : 관심 영역 설정. 'Curve Fit Window' 구간 보다 이른 시점을 설정하면 안 됨
- Custom offset seconds from CHARGE : 'Custom'을 선택하면 생두 투입 후부터 Curve Fit 적용

③ Analyze Options

- Number of samples considered significant : 세그먼트 분석을 수행할 때 분석기가 무의미한 짧은 세그먼트를 결합. 세그먼트가 이 숫자 이하의 샘플이면 이전 세그먼트와 자동으로 결합됨. 설정은 'Sample Threshold' 레이블이 있는 세그먼트 분석 테이블 아래에 표시됨
- Delta ROR Actual-to-Fit considered significant : 로스팅 프로파일 ROR과 적합 ROR의 차이가 기준치 이하일 경우, 세그먼트가 자동으로 이전 세그먼트와 결합됨. 설정은 "Delta Threshold" 레이블이 있는 세그먼트 분석 테이블 아래에 표시됨

☕ 로스팅 비교(Roasting Comparator)

첫 번째 이 메뉴는 여러 가지 로스팅 파일을 비교 분석하는 기능으로 다음과 같은 특성이 있다.
- 실시간으로 곡선을 추가하거나 제거 가능
- 차트 위에서 이동/확대/축소 가능
- 다른 로스팅 이벤트를 재정렬
- 선택된 프로파일과 곡선에서 데이터를 숨기거나 표시

두 번째, 다음과 같이 유사한 커피콩의 로스팅 곡선을 비교하는 데 유용하다.

- 버너나 댐퍼를 변경했을 때 BT 상승률에 어떤 영향을 미치는지 분석 가능
- 여러 로스팅에서 일관성을 확인하는 데 유용, 동일한 커피콩을 여러 번 로스팅 할 때 배치 프로토콜을 평가
- 일관성을 추구하는 공장형 로스팅에서는 QC 자료로 활용 가능
- 동일한 커피콩의 햇 콩과 묵은 콩의 비교에도 좋음
- 내추럴 커피와 워시드 커피를 비교하는 것은 의미 없음

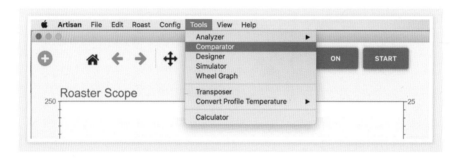

① 시작 방법

- [Tool] – [Comparator] 실행
- 분석기를 실행할 때 프로파일 또는 배경 프로파일이 로드되면 시작됨
- 새로운 프로파일을 더 추가하거나 제거할 수 있음
- 선택된 프로파일들은 아티산 윈도우 Graph navigation Tool bar 상에 보여짐

〈표 5-12〉

② Tool Window

- Comparator 도구 창을 열면 〈표 5-12〉와 같음
- 현재 비교되는 프로파일 목록은 중앙에 표시, 추가 가능
- 삭제 버튼이나 Delete 키로 제거 가능
- 프로파일 배치 번호는 행 헤더로 렌더링, 자동으로 생성된 번호가 식별 표시
- 각 프로파일 곡선 색상과 플래그는 자동 할당
- 프로파일 제목은 편집 가능하지만 변경 사항은 기록하지 않음(임시 메모 기능)

③ 곡선 선택과 이벤트 지정

- 도구 상단의 두 개의 팝업으로 곡선 선택
- 그 아래 마지막 팝업이 시간 축으로 프로파일 정렬
- 시간 축 목록의 첫 번째 종단 항목이 정렬 기준
- 프로파일 배치 번호는 행 헤더로 렌더링, 자동으로 생성된 번호가 식별 표시
- 프로파일에서 선택한 정렬 이벤트가 없으면 목록의 항목이 회색으로 표시됨(프로파일 렌더링 안 됨)

④ 선이 그려지는 순서

- 목록 앞부분 항목이 뒷부분 항목 위에 그려짐
- 행 헤더를 통해 항목을 끌어다 놓으면 프로파일 순서 변경 가능

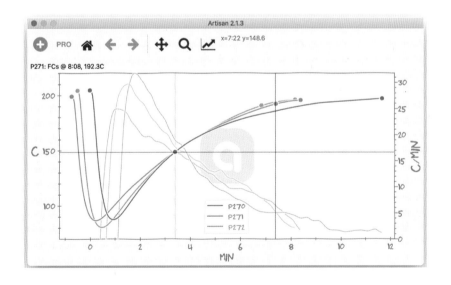

- 프로파일의 주 온도 곡선(BT, ET)에 있는 작은 원형 마커를 클릭하면 메시지 줄에 정보가 표시됨

- 이벤트 유형, 시간, 온도 등이 표시됨

- 한 개의 사용자 정의 이벤트 유형만 선택해서 렌더링 가능

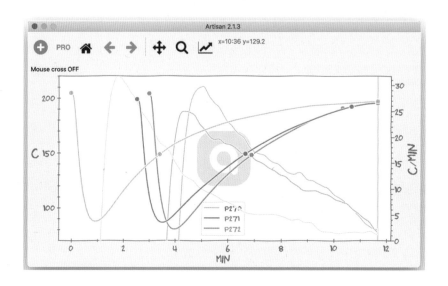

⑥ 선택 프로파일 강조

- 도구에서 프로파일 행을 선택하면 다른 프로파일은 회색으로 표시되고 선택한 프로파일만 강조됨
- 프로파일 행 헤더를 두 번 클릭하면 추가 검사 모드가 시행됨

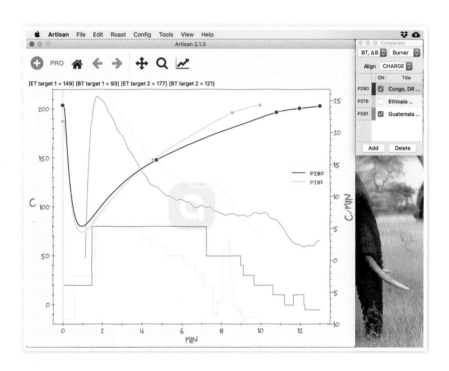

⑦ 기타

- Comparator는 추가 구성 옵션은 없음
- 곡선 스타일, 평활 및 한계, 확대 가능한 범례, 경로 효과 설정, 텍스트 글꼴 및 스타일 선택, DPI 해상도 선택 가능
- [Config] – [Axis]에서 설정된 시간 축은 자동으로 선택하는 것이 좋음
- 광범위한 프로파일의 경우 Axis 축 섹션의 limitsET 및 ΔBT 플래그를 확인하여 축의 한계도를 자동으로 조정
- 교차선 기능도 Comparator 모드에서 사용 가능
- 그래프 저장 기능을 사용해 그래프를 다양한 파일 형식으로 내보낼 수 있고 인쇄도 가능

아티산 활용에 관하여

"라떼는 말이야"라는 말이 있다. 흔히 꼰대들을 비꼬아 말할 때 쓰는 표현이다. 필자도 이 말을 빌려 한마디 하자면 필자가 로스팅을 배울 때는 이런 프로그램은 존재하지도 않았고 만약 있었다고 하더라도 우리나라 로스터 중에 가르쳐 줄 수 있는 사람은 아무도 없었을 것이다. 그저 로스팅 머신의 패널을 보며 분 단위로 온도를 체크하고, TP/DE/1st Crack Start & End 시점 등을 모두 수기로 기록해야만 했다. 이 기록을 엑셀 파일에 넣어 그래프를 그리고 그 안에서 다른 점이 무엇인지 찾아내려고 무던히도 애쓰고 하지만 차이점을 찾을 수도 없었고, 설사 찾아서 다음 로스팅에 적용해도 절대 같은 결과물은 만들어 낼 수 없었다. 수백, 수천 번의 로스팅을 하면서 결국엔 감으로 볶아내는 경지에 이르러서야 "로스팅은 감각의 영역이다!"라는 말을 실감했다.

하지만 아티산과 크롭스터 등의 전문 로스팅 프로그램이 나오면서 수천 번 반복해야 알 수 있었던 감을 이제 수백 혹은 수십 번의 경험만으로도 체득할 수 있게 되었으며, 필자가 공부하고 터득한 부분 또한 지면을 통해 전달할 수 있게 되었다. 이 책을 보고 공부하는 후학들은 필자와 같은 꼰대들이 반복한 수많은 실패들을 반복하지 말고 속전속결로 발전해 나가길 기원한다.

이 프로그램은 기록과 분석을 위한 툴을 제공하지만 너무 맹신하지는 말고 참고 자료로만 잘 활용하기 바란다.

로스팅 무운을 빈다.

커피선생
로스팅 교육 안내

이 책의 저자이자 교육 전문가인 황호림의
체계적인 로스팅 교육

• 교육 대상
- 현재 커피업에 종사하고 있지만 전문적인 교육을 받지 못하신 분
- 미래의 커피 로스터를 꿈꾸는 누구나
- 커피 로스터 자격증 취득을 원하시는 분
- 로스팅을 A~Z까지 제대로 배우고자 하시는 분

• 교육 과정(총 30시간 과정)

과정	일정	시간
주중반	월~금 오전/오후	주 2회(4시간)
주말반	토~일 오전	주 1회(4시간)

• 교육 정원
- 월 10명(선착순 등록)

• 교육 장소
- 경기도 광명시 신기로 7 골드스타빌딩 301호 커피아카데미(광명KTX역 주변)

• 교육 신청
- 전화 접수: 02-735-6276

Golden Coffee Award

로스팅 챔피언십 & 핸드드립 챔피언십

골든커피어워드(Golden Coffee Award: GCA)는 국내 커피의 질적 성장을 통해 커피 산업과 카페 문화의 안정적 성장모델을 발굴하기 위해 2012년 처음 선보인 원두커피 종합경연이자 페스티벌이다. 역사와 전통을 중시하며 국내 커피로스터의 권익을 증진하고 소비자인 국민의 건강과 행복을 증진시키기 위해 매년 개최한다.

GCA대회는 크게 사업자 대상의 출품 경연(원두커피콘테스트)과 개인 경연인 현장 대회(로스팅 챔피언십 & 핸드드립 챔피언십)로 나뉘며, 3차례에 걸친 워크숍과 칼리브레이션을 거쳐 선발된 총 80여 명의 심사위원이 객관적이고 공정한 평가를 통해 수상자(커피)를 가리게 된다.

주최 : (사)한국커피로스터연합(CRAK) · 월간 커피앤티

주관 : 골든커피어워드(GCA) 조직위원회

참가신청 및 규정 공지 : (사)한국커피로스터연합 홈페이지 (http://crak.or.kr)

대회 분야 :

1. 에스프레소 원두분야(매장부문/제조사부문)
2. 밀크베이스(카페라떼) 원두분야(매장부문/제조사부문)
3. 하우스블랜드 원두분야(매장부문)
4. 싱글오리진 원두분야(매장부문/개인부문)
5. 로스팅챔피언쉽 분야(개인부문)
6. 핸드드립챔피언쉽 분야(개인부문)
7. 콜드브루 분야 (매장부문)
8. 드립백 분야 (매장부문)

로스팅 챔피언십 (GCARC)

골든커피어워드(GCA) 현장 대회로, 국내외 로스터들과 지망생들에게 꿈과 희망을 심어주기 위해 열리는 개인 로스팅 대회이다. 참가 선수는 5~6여개의 공식 생두 중 싱글이나 블렌딩을 거쳐 로스팅의 기술적 기량을 선 보이며, 다음날 커핑 방식을 통한 관능 평가가 이뤄진다.

골든커피어워드 로스팅 챔피언십 금상 상패

참가 대상 : 현직 로스터(교육생 및 지망생 참가 가능, 25명 선착 접수)

평가 : 기술평가(50%)+관능평가(50%)를 합산하여 순위(금 1 · 은 1 · 동 1 · 장려 3) 결정

공식로스터 : PROASTER 1.5Kg (태환자동화산업)

대상(금상) : 중소벤처기업부 장관상 수여

핸드드립 챔피언십 (GCABC)

골든커피어워드(GCA) 현장 대회로, 국내외 바리스타들과 지망생들에게 꿈과 희망을 심어주기 위해 열리는 추출대회이다. 이전까지는 원두를 각자 선택해 왔으나, 여러 회 대회를 거쳐 2022년 부터는 예선과 본선을 나눠 운영되며 공식 원두 및 공식 드리퍼를 사용한 핸드드립 추출 2잔과 자유 원두 및 자유 브루잉 도구를 사용한 2잔 총 4잔을 추출함으로써 추출 테크닉과 맛 내기 능력을 함께 평가받게 된다.

2020년 필자가 심사위원장으로 참여했던 핸드드립 챔피언십 대회

참가 대상 : 현직 바리스타(교육생 및 지망생 참가 가능) 예선전 50명(선착 접수 순)
예선전 순위 상위 20위 본선진출추출

평가 : 테크닉(30%)+센서리(70%)를 합산하여 순위(금1·은1·동1) 결정

대상(금상) : 중소벤처기업부 장관상 수여

사단법인 CRAK(Coffee Roaster Alliance of Korea)

Home Page : http://crak.or.kr   E-mail : crak2011@naver.com   TEL : 02-525-2012

참고문헌/인터넷(웹페이지) 자료

- 김길진(2021). 『커핑 바이블』 아이비라인
- 다구치 마모루(2012). 『다구치 마모루 스페셜티 커피대전』 광문각
- 다구치 마모루(2013). 『다구치 마모루 커피대전』 광문각
- 스캇 라오(2018). 『커피로스팅』 커피리브레
- 스캇 라오(2021). 『커피로스팅2』 커피리브레.
- 아이비라인 출판팀(2017). 『커핑 노하우』 아이비라인
- 이종훈(2021). 『커피 품종』 갑우문화사
- 탄베 유키히로(2017). 『커피 과학』 황소자리
- 황호림(2020). 『이기적 바리스타2급 자격시험 기본서』 영진닷컴
- artisan. Quick-start guide. https://artisan-scope.org. (2022.03.28)
- Connie Blunhardt(2017). 『The Book of Roast』 기센코리아
- Gerhard A. Jansen(2007). 『Coffee Roasting』 주빈커피
- not bad coffee. Interactive Coffee Taster's Flavor Wheel. https://notbadcoffee.com/flavor-wheel-en/. (2022.03.25)

커피 로스팅 & 아티산

초 판 발 행 일	2022년 09월 26일
발 행 인	박영일
책 임 편 집	이해욱
저 자	황호림
편 집 진 행	염병문
표 지 디 자 인	김지수
편 집 디 자 인	신해니
발 행 처	시대인
공 급 처	(주)시대고시기획
출 판 등 록	제 10-1521호
주 소	서울시 마포구 큰우물로 75 [도화동 538 성지 B/D] 6F
전 화	1600-3600
팩 스	02-701-8823
홈 페 이 지	www.sdedu.co.kr
I S B N	979-11-383-3363-4 [13590]
정 가	22,000원

시대인은 종합교육그룹 (주)시대고시기획 · 시대교육의 단행본 브랜드입니다.